养生豆浆
大全

张　晔　左小霞　◎编著

中国盲文出版社
中国轻工业出版社

图书在版编目（CIP）数据

养生豆浆大全：大字版/张晔，左小霞编著. —北京：中国盲文出版社，2015.7

ISBN 978 - 7 - 5002 - 6142 - 1

Ⅰ. ①养… Ⅱ. ①张…②左… Ⅲ. ①豆制食品—饮料—制作 Ⅳ. ①TS214.2

中国版本图书馆 CIP 数据核字（2015）第 173909 号

养生豆浆大全

著　　者：张　晔　左小霞

责任编辑：贺世民

出版发行：中国盲文出版社

社　　址：北京市西城区太平街甲 6 号

邮政编码：100050

印　　刷：北京汇林印务有限公司

经　　销：新华书店

开　　本：787×1092 1/16

字　　数：108 千字

印　　张：12.25

版　　次：2015 年 9 月第 1 版　2017 年 3 月第 2 次印刷

书　　号：ISBN 978 - 7 - 5002 - 6142 - 1/TS·124

定　　价：25.00 元

编辑热线：(010) 83190266

销售服务热线：(010) 83190297 83190289 83190292

前言
PREFACE

"一杯鲜豆浆，全家保健康"，民间的说法一点不错。豆浆能增强人体免疫力，预防老年痴呆，延缓衰老，调节女性内分泌，减轻并改善更年期症状，白皙、润泽皮肤，还是防治血脂异常、高血压、动脉硬化、气喘等疾病的理想饮品。对喝牛奶容易拉肚子的乳糖不耐受的人来说，豆浆是较好的营养替代饮品。豆浆越来越受到世界各国人民的喜爱，被称为"植物奶"。

如今，豆浆的营养越来越被人们关注与熟知，功能各异的豆浆机层出不穷，喝豆浆的人越来越多，一种全新的饮食新风尚开始走进人们的生活——自己在家用豆浆机制作香喷喷、热腾腾的鲜豆浆喝，不用再在街头、豆浆店喝豆浆，不但卫生、物美价廉，而且还能变着花样做豆浆，可以添加花生、红枣、核桃仁、五谷，就连蔬菜、水果也可以加进来，使豆浆的营养和口味更加丰富！

基于家用豆浆机保有量的不断攀升，许多人并不满足于每天只喝到一种口味的黄豆豆浆，为此我们特别编纂了本书。

　　全书共分七章。第一章介绍了黄豆豆浆等经典原味豆浆及教您如何搭配做出营养加倍的豆浆；第二章介绍的是保健功效豆浆的做法：去火的、护心的、补肾的，您想要的应该都有；第三章介绍的是有祛病功效的豆浆做法，高血压、糖尿病、骨质疏松等患者饮用后既能帮助祛病又可饱口福；第四章介绍的是适合准妈妈、老年人、脑力工作者等不同人群喝的豆浆；第五章介绍的是口味、色泽富于变化的蔬果味豆浆；第六章介绍的是带有些许芬芳味道的花草豆浆；第七章提供了一些用豆浆和豆渣为主料做出的美食，让整粒豆子都有用武之地。另外，本书的附录部分还附赠了经典米糊及果蔬汁的做法。

　　愿本书能让您与家人每天都喝到不一样的豆浆，在品出香浓滋味的同时，更能品出让人心醉的爱的滋味。

目录
CONTENTS

在家做豆浆，轻松又健康

Part 1 经典当家豆浆 *又简单又营养*

Part 2 豆浆保健方 *喝出身体好状态*

Part 3 豆浆食疗方 既能祛病又饱口福

不同人群豆浆 一杯豆浆养全家

Part 5　蔬果味豆浆　口味升级，营养更好

Part 6　花草豆浆　芬芳味道不可挡

Part 7 　豆香美食　豆浆与豆渣的美味转身

附录

注：本书中介绍的材料用量搅打出的豆浆适合 3 个人饮用。

在家做豆浆，轻松又健康

营养均衡，不可缺豆

我国传统饮食讲究"五谷宜为养，失豆则不良"，意思是说五谷是有营养的，但没有豆子就会失去平衡。豆、稻、黍、稷、麦统称为"五谷"。

豆类富含蛋白质，几乎不含胆固醇，是中国人物美价廉的蛋白质以及钙和锌的最佳来源。豆类是唯一能与动物性食物相媲美的高蛋白、低脂肪食品。豆类中的不饱和脂肪酸居多，是防止冠心病、高血压、动脉粥样硬化等疾病的理想食品，所以，应提倡每天都适量多吃些豆类及其制品。

根据豆类的营养成分和含量可分为两类，一是大豆类，如黄豆、青豆、黑豆、花豆等；二是其他类，如豌豆、扁豆、刀豆、绿豆、豇豆、红小豆、蚕豆等。

将五谷杂粮随意搭配制成花色豆浆，可使五谷中的营养更有利于人体吸收。

解读豆浆中的营养素

◎大豆蛋白质

所谓大豆蛋白质就是大豆类食物中所含的蛋白质，在营养价值上等同于动物蛋白质，属于优质植物蛋白，由于其几乎不含饱和脂肪酸和胆固醇，是血脂异常、胆固醇超标、冠心病、肥胖者摄取蛋白质的最佳选择。大豆类食物含高蛋白，可以替代肉，也被称为"地里长出来的肉"。每 100 克黄豆含有 35 克蛋白质，而 100 克牛腱子肉中蛋白质含量为 28 克。按蛋白质含量来算，1 杯豆浆（350～400 毫升）约相当于 25 克的牛腱子肉。

◎大豆卵磷脂

大豆卵磷脂是大豆所含有的一种脂肪，是磷质脂肪的一种。卵磷脂存在于人体的每个细胞之中，主要构成细胞膜结构，是人体细胞的基本构成成分，对细胞的正常代谢及生命过程具有决定作用。

摄取卵磷脂可以提高人体的代谢能力、自愈能力和抗体组织的再生能力，增强人体的生命活力，从根本上延缓人体衰老；可以有效降低过高的血脂和胆固醇；增强肝细胞的物质代谢，促进脂肪降解，保护肝脏，预防脂肪肝等病症的发生。此外，卵磷脂能为大脑神经细胞提供充足的养料，使脑神经之间的信息传递速度加快，从而提高大脑活力，消除大脑疲劳，使大脑思维敏捷，提高学习和工作效率。

适宜摄入大豆卵磷脂的人群：

- "三高"（高血压、高血脂、高血糖）人群

- 心脑血管疾病患者
- 想提高记忆力和预防老年痴呆症者
- 过量饮酒或肝功能异常者
- 糖尿病患者
- 皮肤粗糙，有老年斑、黄褐斑者
- 胆结石患者

◎膳食纤维

膳食纤维是人体必需的七大营养素之一，虽然其不能为人体提供任何营养物质，但却具有一定的保健功效。

膳食纤维能调节血脂、降低胆固醇，有预防冠心病的作用；还可促进胃肠蠕动，减少食物在肠道中停留的时间，产生通便作用，防治便秘；预防胆结石形成；降低血糖含量；减少身体对热量的摄入和对食物中油脂的吸收；此外，还有预防肠癌、乳腺癌的功效。

◎大豆异黄酮

大豆异黄酮是黄酮类化合物中的一种，主要存在于豆科植物中。大豆异黄酮与雌激素有相似的结构，被称为植物雌激素，显示出抑制和协同的双向调节作用：当人体内雌激素水平偏低时，大豆异黄酮占据雌激素受体，发挥弱雌激素效应，表现出提高雌激素水平的作用；当人体内雌激素水平过高时，大豆异黄酮以"竞争"方式占据受体位置，同时发挥弱雌激素效应，从总体上表现出降低体内雌激素水平的作用。

大豆异黄酮还是一种抗氧化剂，能阻止强致癌物氧自由基的生成，并能阻碍癌细胞的生长和扩散，抗癌特性也较为突出。

总之，大豆异黄酮能够弥补 30 岁以后女性雌激素分泌不足的缺陷，改善皮肤水分及弹性状况，缓解更年期综合征和改善骨质疏松，使女性再现青春魅力。此外，在改善心血管疾病、抗肿瘤等方面也具有较为显著的功效。

◎不饱和脂肪酸

人类生存要依赖于两种脂肪酸，一种是饱和脂肪酸，一种是不饱和脂肪酸。饱和脂肪酸人体可以自行合成，并且富含在动物性食物中，因为其可升高胆固醇，故不宜过多摄入。不饱和脂肪酸是一种较为健康的脂肪酸，具有降低血液黏度，降低胆固醇，改善血液微循环，保护脑血管，增强记忆力和思维能力的功效，能预防血脂异常、高血压、糖尿病、动脉粥样硬化、风湿病、心脑血管等疾病。

◎矿物质

大豆中含有钙、铁、镁、磷等多种矿物质。豆浆中的钙能明显地降低骨质疏松的发生；含有的铁能预防缺铁性贫血，令皮肤恢复较好的血色；含有的镁能缓解神经紧张、情绪不稳等；含有的磷是维持牙齿和骨骼健康的必要物质。

哪些人群不适宜喝豆浆

喝着自己搅打出的豆浆，营养丰富又健康，但豆浆并非人人皆宜。

1. 急性胃炎和慢性浅表性胃炎者不宜喝豆浆，以免刺激胃酸分泌过多加重病情，或者引起胃肠胀气。

2. 豆浆性凉，脾胃虚寒的人要少喝或不喝。

3. 豆浆中嘌呤的含量较高，且豆类大多属于寒性食物，所以有痛风、乏力、体虚、精神疲倦等症状的虚寒体质者都不适宜饮用豆浆。

4. 喝豆浆后容易产气，腹胀、腹泻的人最好别喝豆浆。

5. 肾功能不全的人最好也不要喝豆浆。

怎样喝豆浆最科学

1. 喝豆浆时，要注意干稀搭配，可以同时吃些面包、饼干等淀粉类食物，可使豆浆中的蛋白质在淀粉类食品的作用下，更为充分地被人体所吸收，如果同时再吃点蔬菜和水果，营养就更均衡了。

2. 空腹时别喝豆浆。空腹时喝豆浆，豆浆中所富含的蛋白质会在人体内转化为热量被消耗掉，不能充分起到补益作用。

3. 别用暖水瓶盛装豆浆。因为暖水瓶内又湿又热的内环境非常利于细菌的繁殖，一般来说，做好的豆浆装入暖水瓶三四小时后就会变质。此外，豆浆中的皂苷能使暖水瓶中的水垢脱落，水垢中的有害物质会溶入豆浆中，等于喝豆浆的同时也喝入了水垢和有害物质。

4. 适量饮用。一次喝豆浆过多容易引起蛋白质消化不良，出现腹胀、腹泻等不适症状。每天饮用 250～300 毫升为好。如果是 200 毫升的袋装市售豆浆，一天可以喝一两袋。

5. 最好用清水浸泡豆类。用浸泡过的豆类搅打的豆浆消化吸收率高，饮用后不容易引起胀肚、腹泻等不适症状，儿童、老年人等尤其适用。所以，本书所写的做法基本都有浸泡豆类的过程。

宝宝饮用豆浆的注意事项

◎豆浆不能完全代替牛奶

豆浆与牛奶蛋白质含量大致相等，但牛奶含脂肪、钙、磷量比豆浆多，豆浆含铁量比牛奶多。所以不宜用豆浆代替牛奶喂养宝宝。12 个月以上的宝宝可以喝豆浆，但最好牛奶、豆浆都喝。

◎豆浆适合对乳糖过敏的宝宝

有些宝宝一喝牛奶就拉肚子，这是对牛奶中乳糖过敏的反应，对乳糖过敏的宝宝可以喝豆浆，因为豆浆含寡糖，可以 100％被人体所吸收。

◎豆浆适合胖宝宝代替牛奶饮用

豆浆对胖宝宝来说，比喝牛奶更有利健康，因为牛奶的血糖指数为 30％，而豆浆的为 15％。

豆浆机的选择

◎购买场所的选择

大型商场或超市一般在当地都具有较高的商业信誉，对产品的质量、售后服务均有严格的要求，不会出现假冒伪劣产品，可放心购买。

◎安全使用的选择

宜买符合国家安全标准的豆浆机，必须带有 CCC 认证标志或欧盟 CE 认证等。挑选时还应检查豆浆机的电源插头、电线等。

◎容量的选择

可根据家庭人口的多少选择豆浆机的容量：1～2 人的建议选择 800～1000 毫升的；3～4 人的建议选择 1000～1300 毫升的；4 人以上的建议选择 1200～1500 毫升的。

◎出浆速度的选择

如果您是忙碌的上班族，可以选择能打干豆的全自动豆浆机，不用泡豆，想喝就打，出浆速度较快，大约 20 分钟左右；如果您每天不是很忙碌，那就可以选择只能打泡豆的全自动豆浆机，这种豆浆机价格相对比较便宜，并且这种豆浆机的刀片不像打干豆的刀片易磨损。

◎刀片的选择

豆浆机能否做出营养又好喝的豆浆，这很大程度上取决于豆浆机搅拌棒上的刀片。好的刀片应该具有一定的螺旋倾斜角度，这样的刀片旋转起来后，不仅碎豆彻底，还能产生较大的离心力用于甩浆，将豆中的营养充分释放出来。

◎出浆浓度的选择

辨别豆浆机打磨豆浆的浓度有两个方法：一是观察豆浆，好豆浆应有股浓浓的豆香味，口感爽滑，凉凉时表面有一层油皮；二是看豆渣的质地，豆渣的质地应均匀，如果豆渣的质地不均匀且较粗的话，说明豆子的营养没能均匀地释放到浆液中去，不止是口感差，营养价值也大打折扣。

没有豆浆机照样做豆浆

如果家里没有全自动豆浆机，同样可以打出香浓的豆浆。家用搅拌机就是一种好用的制作豆浆工具。用家用搅拌机制作豆浆的步骤如下：

1. 同样是先泡豆，可以选择黄豆、黑豆、青豆或绿豆、红小豆等，一般黄豆、黑豆、青豆需要浸泡 10～12 小时，绿豆、红小豆等需要浸泡 4～6 小时。

2. 把浸泡好的豆子分少量多次地放进搅拌机中，加入少许清水搅打，搅打 40 秒要停下休息一两分钟，以免电机超负荷运转，无法正常使用。因为家用搅拌机都有滤网，汁和渣会自动分离，可直接将每次搅打出的豆浆倒入锅中。

3. 将装有生豆浆的锅置火上，盖锅盖大火烧开后转小火不盖锅盖继续煮 5～8 分钟至豆浆表面的泡沫完全消失，这时豆浆才能完全被煮至熟透，可以饮用。喝未煮熟的豆浆，会对胃肠道产生刺激，引起腹痛等不适感。

制作豆浆应注意的细节

◎制作豆浆最好用湿豆

泡过的豆子能提高大豆营养的消化吸收率，并且用清水充分浸泡的大豆能减轻豆腥味，降低微量含有的黄曲霉素（一种致癌物）。用干豆做出的豆浆在浓度、营养吸收率等方面都比不上用泡豆做出的豆浆。

◎清水打豆浆

有的人图省事，将豆子清洗后放在豆浆机中浸泡，然后直接用泡豆的水做豆浆。其实这种做法并不科学。大豆浸泡一段时间后，水色会变黄，水面会浮现很多水泡，这是因为大豆碱性大，经浸泡后发酵所致。用这样的水做出的豆浆不仅有碱味、味道不香，而且也不卫生，人喝了以后有可能导致腹痛、腹泻、呕吐。正确的做法是大豆浸泡后，做豆浆前要先用清水冲洗几遍，清除掉黄色碱水以后再换上清水制作。

豆浆的制作方法

◎步骤一：选豆

选择好豆料，是磨出口味醇正豆浆的第一步。优质黄豆应颗粒饱满、大小颜色相一致、无杂色、无霉烂、无虫蛀、无破皮。另外，最好选择非转基因黄豆，这种黄豆蛋白质含量超过42%，更适合制作豆浆，富含更多的营养。

◎步骤二：泡豆

制作豆浆前用清水洗净黄豆后，将其充分地浸泡，可使豆质软化，经粉碎、过滤及充分加热后，能提高黄豆中营养的消化吸收率。干黄豆一般用清水浸泡10～12小时就能泡得比较充分了。不要嫌泡豆麻烦，每天晚饭后把豆泡上，第二天早上就可以用来打豆浆了。

◎步骤三：制作

将浸泡好的黄豆倒入全自动豆浆机中，加水至上水位线和下水位线之间，放上机头，插上电源线，将插头接通电源，按下豆浆机的工作键，15～20 分钟后即可自动做好新鲜香浓的熟豆浆，可以直接饮用，如果喜欢喝口感细腻些的，可用购买豆浆机时随机赠送的过滤网过滤后饮用。

◎步骤四：清洗

最好在刚做完豆浆后就把豆浆机清洗干净，不然，豆浆和豆渣会干硬在豆浆机的表面，很难清洗掉。清洗时可用软布将豆浆机杯身、机头及刀片上的豆渣清洗干净，然后用一个软毛刷子刷洗掉缝隙中的豆渣即可。清洗时千万不能将机头浸泡在水中或用水直接冲淋机头的上半部分，以免受潮短路，使豆浆机无法正常使用。

◎步骤五：保存

做好的豆浆最好一次喝完，喝剩下的要倒入密闭的盛器中，放入冰箱冷藏，饮用时需煮沸。放入冰箱冷藏的豆浆也应尽快喝完，存放时间长同样易变质。

保健豆浆不能省略的食材	
健脾胃	糯米、大麦、大米、高粱米、青豆、扁豆、山药、南瓜、莲藕、红枣、莲子、蜂蜜
护心	小米、玉米、燕麦、红小豆、黑豆、草莓、红枣、杏仁、莲子、枸杞子、百合
益肝	黑米、青豆、胡萝卜、葡萄、红枣、枸杞子、芝麻、玫瑰花
补肾	黑米、黑豆、蚕豆、黑芝麻、栗子、核桃、花生、松子仁、枸杞子
润肺	黑豆、绿豆、山药、莲藕、白萝卜、柑橘、雪梨、荸荠、莲子、白果、银耳、百合、蜂蜜、冰糖
补气	小米、紫米、糯米、大米、山药、红枣、核桃、百合、枸杞子、黄芪、人参
乌发	黑豆、芝麻、花生、核桃
祛湿	薏米、玉米、绿豆、红小豆、蚕豆、南瓜

保健豆浆不能省略的食材	
排毒	绿豆、红小豆、黑豆、燕麦、薏米、玉米、糙米、豌豆、芹菜、白萝卜、南瓜、红薯、苦瓜、芦笋、胡萝卜、黄瓜、山药、荸荠、梨、香蕉、苹果、西瓜、草莓、木瓜、菠萝、山楂、桃子、红枣、芒果、海带、银耳、百合、绿茶、蜂蜜、牛奶
去火	绿豆、大麦、苦瓜、黄瓜、白萝卜、芹菜、芦笋、荸荠、梨、西瓜、香蕉、草莓、甘蔗、银耳、蜂蜜、冰糖、杏仁、莲子心、百合、玉米须、菊花
活血化淤	莲藕、油菜、慈姑、山楂、桃子、玫瑰花
抗衰老	黑豆、胡萝卜、花生、芝麻、杏仁、核桃、榛子、松子仁、开心果、腰果、红枣、蜂蜜
抗辐射	绿豆、海带、黑木耳、木瓜、无花果、黑芝麻、绿茶
缓解疲劳	黑豆、花生、腰果、杏仁、榛子、红枣、桂圆

食疗豆浆不能省略的食材	
降血压	玉米、燕麦、荞麦、薏米、红薯、芹菜、芦笋、胡萝卜、黄瓜、海带、香蕉、山楂、柚子、枸杞子、菊花、玉米须、绿茶
降血糖	黑米、黑豆、玉米、薏米、燕麦、荞麦、芹菜、西蓝花、黄瓜、苦瓜、胡萝卜、银耳、海带、荸荠、山楂、莲子、芝麻、绿茶、枸杞子、玉米须
血脂异常	玉米、燕麦、红薯、芹菜、芦笋、胡萝卜、黄瓜、银耳、海带、山楂、绿茶
贫血	海带、葡萄干、黑芝麻、核桃、花生、红枣、桂圆、枸杞子
失眠	小米、小麦仁、红枣、莲子、百合、牛奶、蜂蜜
脂肪肝	燕麦、玉米、红薯、南瓜、山药、苹果、山楂、银耳、绿茶、荷叶
骨质疏松	燕麦、莲藕、海带、栗子、芝麻、牛奶

续表

食疗豆浆不能省略的食材	
湿疹	薏米、玉米、绿豆、红小豆、蚕豆、南瓜、苦瓜、白萝卜、海带
过敏	黑米、大麦、绿豆、黑豆、胡萝卜、红枣、黑芝麻、蜂蜜

不同人群喝的豆浆不能省略的食材	
准妈妈	糯米、豌豆、胡萝卜、山药、苹果、香蕉、柑橘、红枣、花生、核桃、芝麻、莲子、百合、牛奶
新妈妈	糯米、小米、红小豆、山药、红薯、莲藕、红枣、桂圆、花生、芝麻、牛奶
宝宝	胡萝卜、栗子、核桃、芝麻、牛奶
老年人	燕麦、黑豆、胡萝卜、山药、红薯、莲藕、南瓜、山楂、红枣、桂圆、核桃、花生、芝麻

续表

不同人群喝的豆浆不能省略的食材	
更年期	糯米、燕麦、红小豆、小麦仁、莲藕、香蕉、雪梨、红枣、桂圆、莲子、百合
脑力工作者	小米、玉米、栗子、桂圆、红枣、核桃、花生、芝麻、杏仁、牛奶

Part 1

经典当家豆浆
又简单又营养

经典原味豆浆

黄豆豆浆 抗氧化、抗衰老

★**材料**：黄豆 80 克，白糖 15 克。

★**做法**：

1. 黄豆用清水浸泡 10~12 小时，洗净。

2. 把浸泡好的黄豆倒入全自动豆浆机中，加水至上、下水位线之间，煮至豆浆机提示豆浆做好，过滤后依个人口味加白糖调味后饮用即可。

★**养生功效解析**：

黄豆豆浆富含 B 族维生素、维生素 E 及硒，具有抗氧化功效，能起到抗衰老的作用。

★**特别提醒**：

黄豆豆浆不宜加红糖调味，不利于豆浆中营养物质的吸收。

黑豆豆浆 抗癌、益寿

★**材料**：黑豆 80 克，白糖 15 克。

★做法：

1. 黑豆用清水浸泡 10～12 小时，洗净。

2. 把浸泡好的黑豆倒入全自动豆浆机中，加水至上、下水位线之间，煮至豆浆机提示豆浆做好，过滤后依个人口味加白糖调味后饮用即可。

★养生功效解析：

　　黑豆富含锌、铜、镁、钼、硒、氟等矿物质，这些矿物质能延缓人体衰老。另外，黑豆皮含有抗氧化剂——花青素，能清除体内自由基，具有抗癌、延年益寿的功效。

★特别提醒：

　　黑豆分绿心豆和黄心豆。中医认为，绿心黑豆比黄心黑豆的营养价值要高。

■ 红豆豆浆 ▌ 养心、利尿消肿

★材料：红小豆 100 克，白糖适量。

★做法：

1. 红小豆淘洗干净，用清水浸泡 4～6 小时。

2. 把浸泡好的红小豆倒入全自动豆浆机中，加水至上、下水位线之间，煮至豆浆机提示豆浆做好，加白糖调味后饮用即可。

★养生功效解析：

红小豆被李时珍称为"心之谷"，具有养心的功效。每天适量食用红小豆，可帮助净化血液，解除心脏疲劳。另外，红小豆还能利尿消肿。

★特别提醒：

饮用红豆豆浆时不宜同时吃咸味较重的食物，不然会削减其利尿的功效。

绿豆豆浆　去火、解毒

★材料：绿豆 100 克，白糖 15 克。

★做法：

1. 绿豆淘洗干净，用清水浸泡 4～6 小时。
2. 把浸泡好的绿豆倒入全自动豆浆机中，加水至上、下水位线之间，煮至豆浆机提示豆浆做好，加白糖调味后饮用即可。

★养生功效解析：

中医认为绿豆性凉，可清热解毒，赶走大便干燥、牙疼、咽喉肿痛等上火症状，起到去火的功效。

★特别提醒：

绿豆性凉，脾胃虚弱者不宜多饮这道豆浆。

■ 青豆豆浆 ▎ 健脾，预防脂肪肝

★材料： 青豆 80 克，白糖 15 克。

★做法：

1. 青豆用清水浸泡 10～12 小时，洗净。

2. 把浸泡好的青豆倒入全自动豆浆机中，加水至上、下水位线之间，煮至豆浆机提示豆浆做好，依个人口味加白糖调味后饮用即可。

★养生功效解析：

　　青豆豆浆能健脾、润燥、利水，并可起到保持血管弹性、健脑和防止脂肪肝形成的作用。

★特别提醒：

　　白糖的用量不宜多，经常过量食用白糖会消耗体内的钙质。每天白糖的食用量不宜超过 30 克。

■ 豌豆豆浆 ▎ 润肠、通便

★材料： 豌豆 80 克，白糖 15 克。

★做法：

1. 豌豆用清水浸泡 10～12 小时，洗净。

2. 把浸泡好的豌豆倒入全自动豆浆机中，加水至上、下水位线之间，煮至豆浆机提示豆浆做好，依个人口味

加白糖调味后饮用即可。

★养生功效解析：

豌豆富含膳食纤维，能促进大肠蠕动，保持大便通畅，起到清洁大肠的作用。

★特别提醒：

喝豌豆豆浆的同时吃些鸡蛋、肉干等富含氨基酸的食物，能提高豌豆的营养价值。

营养加倍好豆浆

黄豆＋牛奶

■ 牛奶豆浆 ▎营养互补且均衡

★材料：黄豆 80 克，牛奶 250 毫升，白糖 15 克。

★做法：

1. 黄豆用清水浸泡 10～12 小时，洗净。
2. 把浸泡好的黄豆倒入全自动豆浆机中，加水至上、下水位线之间，煮至豆浆机提示豆浆做好，依个人口味加白糖调味，待豆浆凉至温热，倒入牛奶搅拌均匀后饮用即可。

★养生功效解析：

牛奶富含钙和维生素 A，但维生素 E、维生素 K 含量较少，并含少量胆固醇；豆浆钙含量相对较低，不含维生素 A，但维生素 E、维生素 K、钾、镁的含量比较多，并含降低胆固醇吸收的豆固醇。二者搭配营养互补且均衡。

★料理小帮手：

夏天浸泡黄豆时宜放入冰箱冷藏，以免温度过高易使水中滋生细菌。

★特别提醒：

血脂异常、胆固醇偏高者宜将牛奶换成等量的脱脂牛奶。

■ 牛奶花生豆浆 ┃ 抗老化、滋润皮肤

★材料：黄豆 60 克，花生仁 20 克，牛奶 250 毫升，白糖
　　　　15 克。

★做法：

1. 黄豆用清水浸泡 10～12 小时，洗净；花生仁挑净杂质，洗净。
2. 把花生仁和浸泡好的黄豆一同倒入全自动豆浆机中，加水至上、下水位线之间，煮至豆浆机提示豆浆做好，依个人口味加白糖调味，待豆浆凉至温热，倒入牛奶

搅拌均匀后饮用即可。

★养生功效解析：

牛奶花生豆浆能抗老化、增强记忆、延缓脑功能衰退、滋润皮肤、止血，有助于预防动脉硬化、高血压和冠心病。

★特别提醒：

牛奶不宜在豆浆滚烫的时候加入，会破坏牛奶的营养。

■ 牛奶开心果豆浆 ▌ 理气开郁、补益肺肾

★材料：黄豆 60 克，开心果 20 克，牛奶 250 毫升，白糖 15 克。

★做法：

1. 黄豆用清水浸泡 10～12 小时，洗净。

2. 把开心果和浸泡好的黄豆一同倒入全自动豆浆机中，加水至上、下水位线之间，煮至豆浆机提示豆浆做好，依个人口味加白糖调味，待豆浆凉至温热，倒入牛奶搅拌均匀后饮用即可。

★养生功效解析：

这道牛奶开心果豆浆可以理气开郁，让人保持心情愉快，而且还具有很好的补益肺肾的作用。

★特别提醒：

过敏体质者应慎吃开心果，以免引起过敏性休克。

黄豆＋大米

■ 米香豆浆 ┃ 有助蛋白质的吸收

★材料：黄豆 60 克，大米 30 克。

★做法：

1. 黄豆用清水浸泡 10～12 小时，洗净；大米淘洗干净。

2. 把大米和浸泡好的黄豆一同倒入全自动豆浆机中，加热水至上、下水位线之间，煮至豆浆机提示豆浆做好即可。

★养生功效解析：

大米蛋白质含量不多，且所含蛋白质的必需氨基酸不平衡；黄豆蛋白质含量丰富，且所含蛋白质的必需氨基酸较为平衡。二者搭配有助蛋白质的吸收。

★料理小帮手：

做这道豆浆加热水，能较好地保存大米中的维生素 B_1。

★特别提醒：

消化不良及患有慢性消化道疾病的人不宜多饮此豆浆，以免造成腹胀。

■ 荞麦大米豆浆 ▌ 软化血管，预防脑出血

★**材料**：黄豆 40 克，大米 25 克，荞麦 15 克。

★**做法**：

1. 黄豆用清水浸泡 10～12 小时，洗净；大米和荞麦分别淘洗干净，用清水浸泡 2 小时。

2. 把大米、荞麦和浸泡好的黄豆一同倒入全自动豆浆机中，加水至上、下水位线之间，煮至豆浆机提示豆浆做好即可。

★**养生功效解析**：

　　荞麦大米豆浆有降低人体血脂和胆固醇、软化血管、保护视力和预防脑出血的作用。

★**特别提醒**：

　　脾胃虚寒、消化功能不佳、经常腹泻的人不宜饮用此豆浆。

■ 大米莲藕豆浆 ▌ 止泻，抗过敏

★**材料**：黄豆、大米、莲藕各 30 克，绿豆 20 克。

★**做法**：

1. 黄豆用清水浸泡 10～12 小时，洗净；绿豆淘洗干净，用清水浸泡 4～6 小时；大米淘洗干净；莲藕去皮，洗

净，切碎。

2. 把大米、绿豆、莲藕和浸泡好的黄豆一同倒入全自动豆浆机中，加水至上、下水位线之间，煮至豆浆机提示豆浆做好即可。

★养生功效解析：

大米莲藕豆浆具有益胃健脾、保护肝脏、养血补益、生肌、止泻、抗过敏的功效，特别适合食欲不振、脾虚泄泻者及荨麻疹患者。

★特别提醒：

服药特别是服温补药时不要喝此豆浆，以免降低药效。

黄豆＋玉米

■ 玉米豆浆 ▎全面吸收植物蛋白质

★材料：黄豆 30 克，玉米糁 60 克。

★做法：

1. 黄豆用清水浸泡 10～12 小时，洗净；玉米糁淘洗干净，用清水浸泡 2 小时。

2. 将玉米糁和浸泡好的黄豆倒入全自动豆浆机中，加水至上、下水位线之间，煮至豆浆机提示豆浆做好即可。

★养生功效解析：

黄豆含有人体所需的 8 种必需氨基酸，其中色氨酸、赖氨酸、烟酸含量丰富；玉米赖氨酸、色氨酸以及烟酸不足营养素互补，营养更全面。搭配在一起，蛋白质能被充分吸收，营养赛牛肉。

★料理小帮手：

玉米楂和黄豆的比例以 2∶1 为宜，这样不但口感好，而且易于营养吸收。

★特别提醒：

这道豆浆不能与药物，特别是不要与红霉素等抗生素一起服用，会影响药效的发挥。

■ 玉米银耳枸杞豆浆 ▌ 降低胆固醇

★材料：黄豆 25 克，玉米楂 50 克，银耳 1 小朵，枸杞子
5 克，冰糖 10 克。

★做法：

1. 黄豆用清水浸泡 10～12 小时，洗净；银耳用清水泡发，择洗干净，撕成小朵；枸杞子洗净，泡软，切碎；玉米楂淘洗干净。

2. 将上述材料倒入全自动豆浆机中，加水至上、下水位线之间，煮至豆浆机提示豆浆做好，加冰糖搅拌至化

开即可。

★养生功效解析：

这道豆浆有降低胆固醇、抗血管硬化的作用，能帮助预防冠心病、高血压及脑功能衰退等。

★特别提醒：

冰糖宜在豆浆做好后加入，如果与食材一起加入，因为冰糖比较硬容易伤搅拌刀片，还容易使豆浆煳在发热管上。

■ 玉米小米豆浆 ┃ 润肠通便、促进睡眠

★材料：黄豆 25 克，玉米糁 50 克，小米 15 克。

★做法：

1. 黄豆用清水浸泡 10～12 小时，洗净；玉米糁、小米分别淘洗干净，用清水浸泡 2 小时。

2. 把玉米糁、小米和浸泡好的黄豆倒入全自动豆浆机中，加水至上、下水位线之间，煮至豆浆机提示豆浆做好即可。

★养生功效解析：

这道豆浆富含膳食纤维，能润肠通便，预防便秘；小米的加入还使这道豆浆具有促进睡眠的效果。

★**特别提醒：**

小米性凉，怕冷等虚寒体质的人应少喝这道豆浆。

■ 玉米红豆豆浆 ▎ 利尿，消水肿

★**材料：**黄豆 25 克，玉米楂 50 克，红小豆 15 克。

★**做法：**

1. 黄豆用清水浸泡 10～12 小时，洗净；红小豆淘洗干净，用清水浸泡 4～6 小时；玉米楂淘洗干净，用清水浸泡 2 小时。

2. 把玉米楂和浸泡好的黄豆、红小豆倒入全自动豆浆机中，加水至上、下水位线之间，煮至豆浆机提示豆浆做好即可。

★**养生功效解析：**

这道豆浆有良好的利尿作用，对肾炎水肿、肝硬化腹水及营养不良引起的水肿均有一定疗效。

★**特别提醒：**

尿频的人尽量少喝或不喝这道豆浆。

■ 小麦玉米豆浆 ▎ 止虚汗、盗汗

★**材料：**黄豆 25 克，玉米楂 50 克，小麦仁 15 克。

★做法：

1. 黄豆用清水浸泡 10～12 小时，洗净；玉米楂、小麦仁分别淘洗干净，用清水浸泡 2 小时。

2. 把上述食材一同倒入全自动豆浆机中，加水至上、下水位线之间，煮至豆浆机提示豆浆做好即可。

★养生功效解析：

小麦玉米豆浆能益气除热，养心生津，止虚汗、盗汗，对虚热多汗、盗汗、口干舌燥、心烦失眠可起到较好的辅助调养作用。

★特别提醒：

玉米发霉后会产生强致癌物，即使是少量发霉也绝不能再食用了。

Part 2

豆浆保健方
喝出身体好状态

健脾胃

■ 山药青黄豆浆 ┃ 补脾胃，改善脾胃功能

★**材料**：黄豆、青豆各 30 克，鲜山药 50 克，糯米 15 克。

★**做法**：

1. 黄豆、青豆用清水浸泡 10～12 小时，洗净；糯米淘洗干净，用清水浸泡 2 小时；山药去皮，洗净，切小丁。

2. 把上述食材一同倒入全自动豆浆机中，加水至上、下水位线之间，煮至豆浆机提示豆浆做好即可。

★**养生功效解析**：

山药能健脾益气，适用于食欲不振、消化不良、久痢泄泻等脾胃功能不好的人群；青豆能补脾胃，适用于脾胃虚弱、食欲不振等症。二者搭配能补脾胃，改善脾胃功能。

★**料理小帮手**：

可以用干山药代替鲜山药，用量是鲜山药的 1/4。

★**特别提醒**：

山药有收涩作用，大便干硬者不宜多饮此豆浆。

■ 高粱红枣豆浆　▎和胃、健脾

★**材料**：黄豆 50 克，高粱、红枣各 20 克，蜂蜜 10 克。

★**做法**：

1. 黄豆用清水浸泡 10～12 小时，洗净；高粱米淘洗干净，用清水浸泡 2 小时；红枣洗净，去核，切碎。

2. 把上述食材一同倒入全自动豆浆机中，加水至上、下水位线之间，煮至豆浆机提示豆浆做好，凉至温热，加蜂蜜搅拌均匀后饮用即可。

★**养生功效解析**：

高粱具有和胃、健脾的功效，适宜脾胃气虚、大便细软者及小儿消化不良时服食；红枣能补脾和胃、益气生津。二者搭配能和胃、健脾。

★**料理小帮手**：

红枣表皮的褶皱中容易藏污纳垢，清洗时应用软毛刷逐个轻轻刷洗。

★**特别提醒**：

大便燥结以及便秘者应少吃或不吃高粱米。

■ 黄米糯米豆浆　▎提振食欲、预防呕吐

★**材料**：黄豆 40 克，黄米 15 克，糯米 20 克。

★做法：

1. 黄豆用清水浸泡 10～12 小时，洗净；黄米、糯米淘洗干净，用清水浸泡 2 小时。

2. 把上述食材一同倒入全自动豆浆机中，加水至上、下水位线之间，煮至豆浆机提示豆浆做好即可。

★养生功效解析：

糯米能健脾暖胃，较适合脾胃虚寒、反胃、食欲不振者食用；黄米可健胃、和胃，具有防止呕吐、泛酸水的功效。二者搭配能提振食欲，预防呕吐。

★料理小帮手：

如果买不到黄米，可以用同样具有健脾胃功效的小米代替。

★特别提醒：

发热、咳嗽痰黄的人不宜饮用此豆浆。

护心

■ 绿红豆百合豆浆 ▌强心，改善心悸

★材料：绿豆、红小豆各 25 克，鲜百合 20 克。

★做法：

1. 绿豆、红小豆淘洗干净，用清水浸泡 4～6 小时；百合择洗干净，分瓣。

2. 把上述食材一同倒入全自动豆浆机中，加水至上、下水位线之间，煮至豆浆机提示豆浆做好即可。

★养生功效解析：

　　百合具有养心安神的功效，对心悸有一定改善作用；中医认为红小豆能补心，有强化心脏功能的作用。二者搭配能强化心脏功能，改善心悸。

★料理小帮手：

　　如果选用干百合，应用水泡发后再用来打豆浆。

★特别提醒：

　　绿豆性凉，冬季制作这道豆浆时应减少绿豆的用量。

■ 红枣枸杞豆浆 ┃ 养护心肌，预防心脏病

★材料：黄豆 45 克，红枣 20 克，枸杞子 10 克。

★做法：

1. 黄豆用清水浸泡 10～12 小时，洗净；红枣洗净，去核，切碎；枸杞子洗净，用清水泡软。

2. 把上述食材一同倒入全自动豆浆机中，加水至上、下水位线之间，煮至豆浆机提示豆浆做好即可。

★养生功效解析：

红枣有增加心肌收缩力、改善心肌营养的作用；枸杞子属红色食物，中医认为，红色食物能养心，对心脏病可起到预防作用。二者搭配能养护心肌，预防心脏病。

★料理小帮手：

去枣核的方法：把蒸帘放在蒸锅的蒸格上，红枣对准蒸帘上的孔眼竖放，一只手扶住红枣，另一只手拿一根竹筷在红枣的居中处穿过，红枣核就被去除干净了。

★特别提醒：

喝这道豆浆不宜同时过多食用桂圆、荔枝等性质温热的食物，否则容易上火。

益肝

■ 玉米葡萄豆浆 ▎强肝，预防脂肪肝

★材料：黄豆60克，玉米糁20克，无籽葡萄干15克。

★做法：

1. 黄豆用清水浸泡10～12小时，洗净；玉米糁淘洗干净，用清水浸泡2小时；葡萄干用清水泡软，切碎。

2. 把上述食材一同倒入全自动豆浆机中，加水至上、下水位线之间，煮至豆浆机提示豆浆做好即可。

★养生功效解析：

黄豆富含不饱和脂肪酸和大豆卵磷脂，有防止脂肪肝形成的作用；葡萄富含葡萄糖及多种维生素，有补益气血，益肝阴的功效，对强肝、保肝效果尤佳。二者搭配能增强肝脏功能，预防脂肪肝。

★料理小帮手：

葡萄干也可以换成鲜葡萄，但搅打豆浆前应去籽。

★特别提醒：

服用安体舒通、氨苯蝶啶等药物补钾时，不宜饮用此豆浆，否则易引起高血钾症，可能出现胃肠痉挛、腹胀及心律失常等不适感。

■ 黑米青豆豆浆　养肝、护肝、明目

★材料：黄豆50克，黑米、青豆各20克。

★做法：

1. 黄豆、青豆用清水浸泡10～12小时，洗净；黑米淘洗干净，用清水浸泡2小时。

2. 把上述食材一同倒入全自动豆浆机中，加水至上、下水位线之间，煮至豆浆机提示豆浆做好即可。

★**养生功效解析：**

中医认为，黑米能养肝明目、补益脾胃，滋阴补肾；青豆为绿色食物，因为青色入肝经，可以起到养肝、护肝的作用。

★**特别提醒：**

消化能力弱的人宜将黑米用水泡软后再拿来打豆浆，这样黑米容易搅打得很细碎，有助于消化。

绿豆红枣枸杞豆浆　增强肝脏解毒能力

★**材料：**黄豆 60 克，绿豆 20 克，红枣 4 枚，枸杞子 5 克。

★**做法：**

1. 黄豆用清水浸泡 10～12 小时，洗净；绿豆淘洗干净，用清水浸泡 4～6 小时；枸杞子洗净，泡软，切碎；红枣洗净，去核，切碎。

2. 把上述食材一同倒入全自动豆浆机中，加水至上、下水位线之间，煮至豆浆机提示豆浆做好即可。

★**养生功效解析：**

绿豆能清肝明目、增强肝脏解毒能力；红枣能安五脏、补血；枸杞子能滋补肝肾。三者搭配制成豆浆，养肝护肝的作用更强。

★特别提醒：

枣皮中同样含有较为丰富的营养成分，应带皮搅打豆浆。

补肾

■ 芝麻黑米豆浆　强肾气

★**材料**：黑豆 60 克，黑米 20 克，花生仁、黑芝麻各 10 克，白糖 15 克。

★**做法**：

1. 黑豆用水浸泡 10～12 小时，洗净；黑米淘洗干净，用清水浸泡 2 小时；花生仁洗净；黑芝麻洗净，沥干水分，擀碎。

2. 把花生仁、黑芝麻、黑豆和黑米一同倒入全自动豆浆机中，加水至上、下水位线之间，煮至豆浆机提示豆浆做好，加白糖调味即可。

★**养生功效解析**：

黑豆、黑米和黑芝麻都具有补肾的功效，一同打成豆浆，补肾效果更佳。

■ 黑豆蜜豆浆 ▎ 改善肾虚症状

★材料：黄豆 50 克，黑豆、黑米各 20 克，蜂蜜 10 克。

★做法：

1. 黄豆、黑豆用水浸泡 10～12 小时，洗净；黑米淘洗干净，用水浸泡 2 小时。

2. 把黑米和浸泡好的黄豆、黑豆一同倒入全自动豆浆机中，加水至上、下水位线之间，煮至豆浆机提示豆浆做好，凉至温热后加入蜂蜜搅拌均匀即可。

★养生功效解析：

中医认为，黑豆能补肾，黑米能滋阴补肾。二者一同打成豆浆，能辅助改善肾虚引起的腰酸腿软等不适症状。

润肺

■ 糯米百合藕豆浆 ▎ 调养秋燥咳嗽

★材料：黄豆 50 克，莲藕 30 克，糯米 20 克，百合 5 克，冰糖 10 克。

★做法：

1. 黄豆用清水浸泡 10～12 小时，洗净；糯米淘洗干净，用清水浸泡 2 小时；百合用清水泡发，择洗干净，切碎；莲藕去皮，洗净，切碎。

2. 把上述食材一同倒入全自动豆浆机中，加水至上、下水位线之间，煮至豆浆机提示豆浆做好，加冰糖搅拌至化开即可。

★养生功效解析：

莲藕可润肺止咳，还能止渴。秋天燥咳的人，可吃莲藕润肺止咳。中医认为，百合入心、肺二经，具有润肺止咳的功效，对肺热干咳、痰中带血、肺弱气虚等都可起到较好的辅助调养作用。二者搭配能辅助调养秋燥咳嗽、肺热干咳。

★料理小帮手：

将莲藕皮润湿，用纯不锈钢钢丝球擦拭莲藕的表面，能很容易地去掉莲藕皮。

★特别提醒：

因感冒风寒引起的咳嗽者不宜饮用这道豆浆。

■ 黑豆雪梨大米豆浆 ▏ 调养老年人咳嗽

★材料：黑豆 40 克，大米 30 克，雪梨 1 个，蜂蜜 10 克。

★做法：

1. 黑豆用清水浸泡 10～12 小时，洗净；大米淘洗干净；

雪梨洗净，去蒂，除籽，切碎。

2. 把上述食材一同倒入全自动豆浆机中，加水至上、下水位线之间，煮至豆浆机提示豆浆做好，凉至温热后加蜂蜜调味即可。

★养生功效解析：

黑豆能润肺化痰，对老年人难以痊愈的咳嗽及咳中带痰有较好的改善作用；雪梨可祛痰止咳，养护咽喉，对肺结核咳嗽可起到较好的辅助食疗作用。二者搭配能辅助调养老年人咳嗽、肺结核咳嗽。

★料理小帮手：

雪梨用刨丝刀擦成细丝后再切，容易切得细碎一些。

★特别提醒：

雪梨性质寒凉，不宜多吃，加入一个中等大小的即可，这样有益脾胃健康。

■ 百合莲子绿豆浆 ┃ 清肺热、除肺燥

★材料：黄豆 30 克，绿豆 20 克，百合 10 克，莲子 15 克。

★做法：

1. 黄豆用清水浸泡 10～12 小时，洗净；绿豆淘洗干净，用清水浸泡 4～6 小时；百合洗净，泡发，切碎；莲子

洗净，泡软。

2. 将上述食材一同倒入全自动豆浆机中，加水至上、下水位线之间，煮至豆浆机提示豆浆做好饮用即可。

★养生功效解析：

绿豆能清热，对肺热、肺燥可起到改善作用；莲子有滋阴润肺的作用。

★特别提醒：

这道豆浆宜带渣饮用，能更全面地吸收绿豆及莲子中的营养。

■ 冰糖白果豆浆　改善干咳无痰、咯痰带血

★材料：黄豆 70 克，白果 15 克，冰糖 20 克。

★做法：

1. 黄豆用清水浸泡 10～12 小时，洗净；白果去外壳。

2. 把白果和浸泡好的黄豆一同倒入全自动豆浆机中，加水至上、下水位线之间，煮至豆浆机提示豆浆做好，加冰糖搅拌至化开饮用即可。

★养生功效解析：

冰糖白果豆浆能止咳平喘、补肺益肾、敛肺气，对肺燥咳嗽、干咳无痰、咯痰带血都有较好的食疗作用。

★特别提醒：

白果有小毒，多食会使人腹胀，推荐熟食，成年人每天吃 20～30 粒为宜。

■ 百合荸荠梨豆浆　　止咳、祛痰

★材料：黄豆 50 克，百合 15 克，荸荠 30 克，雪梨 1 个，冰糖 10 克。

★做法：

1. 黄豆用清水浸泡 10～12 小时，洗净；百合泡发，洗净，切碎；荸荠去皮，洗净，切小块；雪梨洗净，去皮、除核，切碎。

2. 将上述食材一同倒入全自动豆浆机中，加水至上、下水位线之间，煮至豆浆机提示豆浆做好，加冰糖搅拌至化开饮用即可。

★养生功效解析：

百合有润肺补肺、止咳止血的功效，可改善肺部功能；梨可以祛痰止咳，养护咽喉。二者搭配能润肺、补肺、止咳、祛痰。

★料理小帮手：

快速泡发百合的方法：百合洗净，装入大碗中，倒入适量开水，加盖浸泡半小时即可。

★特别提醒：

这道豆浆不适合消化能力弱、脾胃虚寒的人饮用。

补气

■ 黄豆红枣糯米豆浆 ┃ 改善气虚造成的不适感

★材料：黄豆 60 克，红枣 10 克，糯米 20 克。

★做法：

1. 黄豆用清水浸泡 10～12 小时，洗净；糯米淘洗干净，用清水浸泡 2 小时；红枣洗净，去核，切碎。

2. 将上述食材一同倒入全自动豆浆机中，加水至上、下水位线之间，煮至豆浆机提示豆浆做好即可。

★养生功效解析：

糯米能缓解气虚所导致的盗汗及过度劳累后出现的气短乏力等症状；红枣可补脾和胃、益气生津，改善脾气虚所致的食欲不振。二者搭配能改善气虚造成的不适感。

★料理小帮手：

红枣也可以换成同样具有补气作用的桂圆。

★**特别提醒：**

因为糯米能御寒，这道豆浆最适合在冬季饮用。

■ 黄豆黄芪大米豆浆 ▐ 改善气虚、气血不足

★**材料：**黄豆 60 克，黄芪 25 克，大米 20 克，蜂蜜 10 克。

★**做法：**

1. 黄豆用清水浸泡 10～12 小时，洗净；大米淘洗干净；黄芪煎汁备用。

2. 将黄豆、大米一同倒入全自动豆浆机中，淋入黄芪煎汁，再加适量清水至上、下水位线之间，煮至豆浆机提示豆浆做好，过滤后凉至温热，加蜂蜜调味后饮用即可。

★**养生功效解析：**

黄芪能"益气固表"，凡中医认为"气虚"、"气血不足"的情况，都可以用黄芪；大米能益气、通血脉、补脾、养阴。二者搭配能改善气虚、气血不足。

★**料理小帮手：**

黄芪煎汁的方法：黄芪放进砂锅中，加 300 毫升清水浸泡 30 分钟，上火烧开，转小火煎 30 分钟，去渣取汁即可。

★**特别提醒：**

感冒发热、胸腹有满闷感者不宜用黄芪。

人参红豆紫米豆浆 ▌ 大补元气

★材料：黄豆 50 克，人参 10 克，红小豆 20 克，紫米 15 克，蜂蜜 15 克。

★做法：

1. 黄豆用清水浸泡 10～12 小时，洗净；红小豆淘洗干净，用清水浸泡 4～6 小时；紫米淘洗干净，用清水浸泡 2 小时；人参煎汁备用。

2. 将黄豆、红小豆、紫米一同倒入全自动豆浆机中，淋入人参煎汁，再加适量清水至上、下水位线之间，煮至豆浆机提示豆浆做好，过滤后凉至温热，加蜂蜜调味后饮用即可。

★养生功效解析：

人参能大补元气，适宜气血不足者、气短者及身体虚弱者；紫米具有补气、养血的功效。二者搭配能大补元气，改善气血不足。

★料理小帮手：

人参可以用高丽参、水参、红参代替。

★特别提醒：

这道豆浆由于加入了人参，滋补性较强，不宜天天饮用。

乌发

■ 芝麻花生黑豆浆   益于非遗传性白发症

★**材料**：黑豆 70 克，黑芝麻、花生仁各 10 克，白糖 15 克。

★**做法**：

1. 黑豆用清水浸泡 10～12 小时，洗净；花生仁洗净；黑芝麻冲洗干净，沥干水分，碾碎。

2. 将上述食材一同倒入全自动豆浆机中，加水至上、下水位线之间，煮至豆浆机提示豆浆做好，加入白糖调味后饮用即可。

★**养生功效解析**：

黑豆具有乌发的功效，适用于各种非遗传性白发症；黑芝麻适合肝肾不足所致的脱发、须发早白。二者搭配能改善脱发、须发早白、非遗传性白发。

★**料理小帮手**：

黑芝麻也可以用白芝麻代替，白芝麻同样具有乌发的作用。

★**特别提醒**：

花生仁不宜去红衣，其能补血养血、止血。

■ 芝麻蜂蜜豆浆 ▍ 改善脱发、须发早白

★**材料**：黄豆 70 克，黑芝麻 20 克，蜂蜜 10 克。

★**做法**：

1. 黄豆用清水浸泡 10～12 小时，洗净；黑芝麻冲洗干净，沥干水分，碾碎。

2. 将黑芝麻和浸泡好的黄豆一同倒入全自动豆浆机中，加水至上、下水位线之间，煮至豆浆机提示豆浆做好，凉至温热，淋入蜂蜜调味后饮用即可。

★**养生功效解析**：

这道芝麻蜂蜜豆浆能滋养肝肾、养血润燥，特别适合因肝肾不足所致的脱发、须发早白的中老年朋友食用。

★**特别提醒**：

大便稀软及患有慢性肠炎、腹泻、阳痿、遗精者不宜饮用这道豆浆。

■ 蜂蜜核桃豆浆 ▍ 乌发，促进头发生长

★**材料**：黄豆 60 克，核桃仁 40 克，蜂蜜 10 克。

★**做法**：

1. 黄豆用清水浸泡 10～12 小时，洗净；核桃仁碾碎。

2. 将核桃仁和浸泡好的黄豆一同倒入全自动豆浆机中，

加水至上、下水位线之间，煮至豆浆机提示豆浆做好，凉至温热，淋入蜂蜜调味后饮用即可。

★养生功效解析：

这道豆浆含有的铜在头发生长和色素沉着中起着较为重要的作用，经常饮用有乌发的作用。

★特别提醒：

不宜撕去核桃仁表面那层褐色的薄皮，会损失一部分营养。

祛湿

■ 薏米红绿豆浆 ┃ 利湿、清热解毒

★材料： 绿豆、红小豆、薏米各 30 克。

★做法：

1. 薏米淘洗干净，用清水浸泡 2 小时；绿豆、红小豆淘洗干净，用清水浸泡 4～6 小时。

2. 将浸泡好的绿豆、红小豆、薏米一同倒入全自动豆浆机中，加水至上、下水位线之间，煮至豆浆机提示豆浆做好即可。

★养生功效解析：

薏米健脾利湿，红小豆补心利湿，绿豆清热解毒。三者搭配能使利湿、清热解毒的功效更强。

★料理小帮手：

如时间充裕，将绿豆、红小豆、薏米浸泡到用手可以轻松地碾碎（通常需浸泡1夜），打出的豆浆口感会更细腻。

★特别提醒：

薏米性凉，脾虚者宜把薏米炒一下再使用，能去薏米的凉性，健脾效果更好。

■ 荞麦薏米豆浆　适合阴雨天及桑拿天饮用

★材料：黄豆50克，薏米25克，荞麦15克。

★做法：

1. 黄豆用清水浸泡10～12小时，洗净；薏米、荞麦淘洗干净，用清水浸泡2小时。

2. 将黄豆、薏米和荞麦一同倒入全自动豆浆机中，加水至上、下水位线之间，煮至豆浆机提示豆浆做好即可。

★养生功效解析：

在阴雨潮湿的天气常喝这道豆浆可祛湿、健脾；在又湿又热的桑拿天适量饮用此豆浆，祛湿的同时能及时补充高温下的体力消耗。

★特别提醒：

消化功能不好的人不宜多饮这道豆浆，易造成消化不良，每天饮用 250～300 毫升即可。

■ 山药薏米豆浆 ▌ 健脾祛湿

★材料：黄豆 50 克，薏米 20 克，山药 30 克。

★做法：

1. 黄豆用清水浸泡 10～12 小时，洗净；薏米淘洗干净，用清水浸泡 2 小时；山药去皮，洗净，切碎。

2. 将山药和浸泡好的黄豆和薏米一同倒入全自动豆浆机中，加水至上、下水位线之间，煮至豆浆机提示豆浆做好即可。

★养生功效解析：

山药归脾经，能补脾；薏米可利湿健脾。湿气通于脾，脾健则有利于湿气的去除，预防湿气的侵扰。

★特别提醒：

如果想加糖调味，糖的用量不宜多，因为糖吃多了对祛湿不利。

排毒

■ 燕麦糙米豆浆 ▎ 分解农药和放射性物质

★材料：黄豆 45 克，燕麦片 20 克，糙米 15 克。

★做法：

1. 黄豆用清水浸泡 10～12 小时，洗净；糙米淘洗干净，用清水浸泡 2 小时。

2. 将燕麦片和浸泡好的黄豆、糙米一同倒入全自动豆浆机中，加水至上、下水位线之间，煮至豆浆机提示豆浆做好即可。

★养生功效解析：

　　糙米具有分解农药和放射性物质的功效，可有效地防止人体吸收有害物质；燕麦可以促进胃肠蠕动，防止便秘，起到排毒的作用。二者搭配能分解农药和放射性物质，有助排肠毒。

★料理小帮手：

　　燕麦片也可以用燕麦米代替，搅打豆浆前最好用清水泡软。

★特别提醒：

　　搅打豆浆前一定要将糙米用水浸泡，因为糙米的米质较硬，浸泡后能被搅打得更细碎一些，也更易于营养素的吸收。

■ 海带豆浆 ▌ 阻止人体吸收重金属元素

★**材料**：黄豆 60 克，水发海带 30 克。

★**做法**：

1. 黄豆用清水浸泡 10～12 小时，洗净；海带洗净，切碎。
2. 将海带和浸泡好的黄豆一同倒入全自动豆浆机中，加水至上、下水位线之间，煮至豆浆机提示豆浆做好，过滤后倒入杯中饮用即可。

★**养生功效解析**：

　　黄豆有解酒毒、增强肝脏解毒功能的作用；海带有助于排出堆积在体内的毒素，阻止人体吸收铅、镉等重金属，还能抑制放射性元素被肠道吸收。

★**特别提醒**：

　　这道豆浆不宜与茶水一同饮用，会影响海带中铁的吸收。

■ 绿豆红薯豆浆 ▌ 促进排便，消除体内废气

★**材料**：黄豆 40 克，绿豆 20 克，红薯 30 克。

★做法：

1. 黄豆用清水浸泡 10～12 小时，洗净；绿豆淘洗干净，用清水浸泡 4～6 小时；红薯去皮、洗净，切碎。

2. 将上述食材一同倒入全自动豆浆机中，加水至上、下水位线之间，煮至豆浆机提示豆浆做好即可。

★养生功效解析：

　　绿豆具有解毒功效，能辅助化解农药中毒、铅中毒、药毒等；红薯富含的膳食纤维能促进排便，有利于人体排毒、消除体内废气。

★特别提醒：

　　喝这款豆浆的同时别吃柿子，否则容易出现胃胀、胃痛等不适感。

去火

■ 蒲公英小米绿豆浆　清热、消肿、止烦渴

★材料：绿豆 60 克，小米、蒲公英各 20 克，蜂蜜 10 克。

★做法：

1. 绿豆淘洗干净，用清水浸泡 4～6 小时；小米淘洗干净，

用清水浸泡 2 小时；蒲公英煎汁备用。

2. 将小米和浸泡好的绿豆一同倒入全自动豆浆机中，淋入蒲公英煎汁，再加适量清水至上、下水位线之间，煮至豆浆机提示豆浆做好，过滤后凉至温热，加蜂蜜调味后饮用即可。

★**养生功效解析：**

蒲公英能清热解毒、散结消肿，嗓子肿痛、扁桃体发炎时用些蒲公英，能去火、消肿、止痛；小米性凉，具有除热的功效，能辅助调养脾胃虚热、烦渴。二者搭配能清热去火，消肿，止烦渴。

★**料理小帮手：**

蜂蜜可以换成能去肺火的冰糖。

★**特别提醒：**

脾胃功能不好的人应忌服蒲公英。

■ 大米百合荸荠豆浆 ▌ 清热泻火、润燥

★**材料：**黄豆 40 克，大米 20 克，荸荠 50 克，百合 10 克。

★**做法：**

1. 黄豆用清水浸泡 10～12 小时，洗净；百合用清水泡发，洗净，分瓣；大米淘洗干净；荸荠去皮，洗净，切小丁。

2. 将上述食材一同倒入全自动豆浆机中，加水至上、下
   水位线之间，煮至豆浆机提示豆浆做好即可。

★养生功效解析：

百合具有润燥清热的作用，常用于气虚火旺导致的肺
燥及虚烦不安；荸荠性寒，具有清热泻火的功效，尤其适
合肺热咳嗽、痰多难咳者。二者搭配能清热泻火，润燥。

★料理小帮手：

百合可以换成同样具有去火功效的莲子心，但味道
较苦。

★特别提醒：

荸荠生长在淤泥中，外皮有可能附着较多的细菌和寄
生虫，一定要去皮后再食用。

■ 绿豆百合菊花豆浆　适用于多种上火症状

★**材料**：绿豆80克，百合30克，菊花10克，冰糖10克。

★**做法**：

1. 绿豆淘洗干净，用清水浸泡4～6小时；百合泡发，洗
   净，分瓣；菊花洗净浮尘。

2. 将上述食材一同倒入全自动豆浆机中，加水至上、下
   水位线之间，煮至豆浆机提示豆浆做好，加冰糖搅拌
   至化开，过滤后饮用即可。

★养生功效解析：

绿豆性凉，具有较强的清热解毒和去火的功效，清胃火、去肠热的效果好；菊花有解热作用，能清肺火，平肝火、胃火，适用于多种上火症状。二者搭配适用于多种上火症状。

★料理小帮手：

菊花用普通的干杭菊即可。

★特别提醒：

绿豆和菊花均性凉，脾胃虚弱的人不宜多饮这道豆浆。

活血化淤

■ 玫瑰花油菜黑豆浆 ┃ 活血化淤、舒肝解郁

★材料：黄豆 50 克，黑豆 25 克，油菜 20 克，玫瑰花 5 克。

★做法：

1. 黄豆、黑豆用清水浸泡 10～12 小时，洗净；玫瑰花洗净浮尘，用水泡开，切碎；油菜择洗干净，切碎。

2. 将上述食材一同倒入全自动豆浆机中，加水至上、下
   水位线之间，煮至豆浆机提示豆浆做好即可。

★养生功效解析：

玫瑰花具有舒肝解郁、活血化淤的功效，适合乳房胀
痛、跌打损伤者；油菜能活血化淤、解毒消肿，适合乳
痈、游风丹毒等症。二者搭配能活血化淤，舒肝解郁，解
毒消肿。

★料理小帮手：

浸泡玫瑰花的水可以用来打豆浆，从而减少营养
流失。

★特别提醒：

孕早期妇女及处于麻疹后期的小儿不宜饮用此豆浆。

■ 慈姑桃子小米绿豆浆　　活血消积

★材料：黄豆 50 克，慈姑 30 克，桃子 1 个，绿豆 15 克，
小米 10 克。

★做法：

1. 黄豆用清水浸泡 10～12 小时，洗净；绿豆淘洗干净，用
   清水浸泡 4～6 小时；慈姑去皮，洗净，切碎；桃子洗
   净，去核，切碎；小米淘洗干净，用清水浸泡 2 小时。

2. 将上述食材一同倒入全自动豆浆机中，加水至上、下

水位线之间，煮至豆浆机提示豆浆做好即可。

★**养生功效解析：**

这道豆浆能活血消积，行血通淋，适宜淤血引起的胃痛及腹痛。

★**特别提醒：**

孕妇不宜饮用此豆浆。

■ 山楂大米豆浆 ▌ 改善血淤型痛经

★**材料：** 黄豆 60 克，山楂 25 克，大米 20 克，白糖 10 克。

★**做法：**

1. 黄豆用清水浸泡 10～12 小时，洗净；大米淘洗干净；山楂洗净，去蒂，除核，切碎。

2. 将上述食材一同倒入全自动豆浆机中，加水至上、下水位线之间，煮至豆浆机提示豆浆做好，加入白糖调味后饮用即可。

★**养生功效解析：**

这道豆浆具有活血化淤的作用，尤其适合血淤型痛经者饮用，也适合月经不调者。

★**特别提醒：**

经前 3～5 天开始服用，每日早晚各饮用 150 毫升，直至经后 3 天停止服用，此为 1 个疗程，连服 3 个疗程即可见效。

抗衰老

■ 糯米芝麻杏仁豆浆　■ 预防多种慢性病

★**材料**：黄豆 40 克，糯米 25 克，熟芝麻 10 克，杏仁 15 克。

★**做法**：

1. 黄豆用清水浸泡 10～12 小时，洗净；糯米淘洗干净，用清水浸泡 2 小时；熟芝麻碾碎；杏仁碾碎。

2. 将上述食材一同倒入全自动豆浆机中，加水至上、下水位线之间，煮至豆浆机提示豆浆做好即可。

★**养生功效解析**：

　　芝麻含有强力抗衰老物质芝麻酚，是预防女性衰老的重要滋补食品；杏仁富含强抗氧化物质维生素 E，能增强机体免疫力，减缓衰老，降低心脏病、糖尿病等多种慢性病的发病危险。二者搭配能预防女性衰老及多种慢性病。

★料理小帮手：

芝麻和杏仁也可以用纯芝麻粉和杏仁粉代替。

★特别提醒：

杏仁有甜杏仁和苦杏仁之分，甜杏仁可以作为休闲小食品或做凉菜用，苦杏仁一般用来入药，并有小毒，不能多吃。

■ 胡萝卜黑豆豆浆 ┃ 对抗自由基

★材料：黑豆 60 克，胡萝卜 30 克，冰糖 10 克。

★做法：

1. 黑豆用清水浸泡 10～12 小时，洗净；胡萝卜洗净，切碎。

2. 将上述食材一同倒入全自动豆浆机中，加水至上、下水位线之间，煮至豆浆机提示豆浆做好，加冰糖搅拌至化开后饮用即可。

★养生功效解析：

黑豆锌、硒等微量元素的含量较高，对延缓人体衰老、降低血液黏稠度等有益；胡萝卜含有的 β-胡萝卜素进入人体后会转变成能够对抗自由基、抗氧化的维生素 A，有预防衰老的显著功效。二者搭配能抗氧化，对抗自由基，预防衰老。

★料理小帮手：

应尽量挑选个头粗大的胡萝卜，个头粗大的胡萝卜比个头细长的胡萝卜所含的 β-胡萝卜素要高。

★特别提醒：

喝这道豆浆时吃些核桃、花生等含油脂的食物，能更好地吸收胡萝卜中的营养。

■ 小麦核桃红枣豆浆 ▎ 增强免疫力，延缓衰老

★材料：黄豆 50 克，小麦仁 20 克，核桃 2 个，红枣 4 枚。

★做法：

1. 黄豆用清水浸泡 10～12 小时，洗净；小麦仁淘洗干净，用清水浸泡 2 小时；核桃去皮，取核桃仁碾碎；红枣洗净，去核，切碎。
2. 将上述食材一同倒入全自动豆浆机中，加水至上、下水位线之间，煮至豆浆机提示豆浆做好即可。

★养生功效解析：

核桃富含维生素 E，可以补肝肾、延缓衰老；红枣能滋补养血、健脾益气、增强免疫力，经常食用可延年益寿。二者搭配能增强免疫力，延缓衰老。

★料理小帮手：

核桃放进蒸锅大火蒸 5 分钟后取出，迅速浸入凉水

中，不但易于取出完整的核桃仁，而且核桃仁表面那层褐色薄皮没有了苦涩味，核桃仁的味道更香。

★特别提醒：

食核桃易上火，含油脂又多，用量不宜多。

■ 干果豆浆 ▎预防心血管疾病

★材料：黄豆 40 克，榛子仁、松子仁、开心果各 15 克。

★做法：

1. 黄豆用清水浸泡 10～12 小时，洗净；榛子仁、松子仁、开心果仁均碾碎。

2. 将上述食材一同倒入全自动豆浆机中，加水至上、下水位线之间，煮至豆浆机提示豆浆做好即可。

★养生功效解析：

松仁具有降血压、防止动脉硬化、防止因胆固醇增高而引起心血管病的作用；开心果可降低胆固醇含量，减少心脏病的发病率。二者搭配能预防心血管疾病。

★料理小帮手：

碾碎榛子仁、松子仁、开心果仁时将其装进保鲜袋中，能防止碾时果肉四处迸溅。

★特别提醒：

　　这道干果豆浆油脂的含量丰富，胆功能严重不良者应慎饮。

抗辐射

■ 黄绿豆茶豆浆 ┃ 消除辐射对脏器功能的影响

★材料：黄豆、绿豆各 25 克，绿茶 5 克，冰糖 15 克。

★做法：

1. 黄豆用清水浸泡 10～12 小时，洗净；绿豆淘洗干净，用清水浸泡 4～6 小时；绿茶倒入杯中，用沸水沏成茶水。

2. 将浸泡好的黄豆和绿豆一同倒入全自动豆浆机中，淋入茶水，再加入清水至上、下水位线之间，煮至豆浆机提示豆浆做好，加冰糖搅拌至化开后饮用即可。

★养生功效解析：

　　绿豆属绿色食物，绿色食物有一定的抗辐射作用；绿茶含有的茶多酚可以清除辐射中产生的自由基，减少脏器的损伤，保护造血功能。二者搭配能消除辐射对脏器及造血功能的影响。

★料理小帮手：

绿茶用水沏上后宜盖上杯盖闷 10～15 分钟，这样茶水的味道更香醇。

★特别提醒：

服药前后 1 小时内不要饮用此豆浆。

■ 绿豆海带无花果豆浆 ┃ 避免免疫功能损伤

★材料：黄豆 50 克，绿豆 20 克，无花果 1 个，水发海带 15 克。

★做法：

1. 黄豆用清水浸泡 10～12 小时，洗净；绿豆淘洗干净，用清水浸泡 4～6 小时；无花果洗净，去蒂，切碎；水发海带洗净，切碎。

2. 将上述材料一同倒入全自动豆浆机中，加入水至上、下水位线之间，煮至豆浆机提示豆浆做好饮用即可。

★养生功效解析：

无花果为果品中抗辐射能手；海带对辐射引起的免疫功能损伤起保护作用。二者搭配能对抗磁辐射，避免免疫功能损伤。

★料理小帮手：

也可以用干品无花果，但打豆浆前要用水泡软。

★特别提醒：

这道豆浆最好带渣一起饮用，能更好地吸收绿豆、海带的营养。

■ 花粉木瓜薏米绿豆浆 ┃ 对抗辐射的不利影响

★**材料**：绿豆 40 克，木瓜 50 克，薏米、油菜花粉各 20 克。

★做法：

1. 绿豆淘洗干净，用清水浸泡 4～6 小时；薏米淘洗干净，用清水浸泡 2 小时；木瓜去皮，除籽，洗净，切小丁。

2. 将上述材料一同倒入全自动豆浆机中，加入水至上、下水位线之间，煮至豆浆机提示豆浆做好，过滤后凉至温热，加油菜花粉搅拌至没有颗粒后饮用即可。

★养生功效解析：

花粉有较好的抗辐射保健作用；木瓜能减轻电磁辐射对人体产生的细微影响，辅助避免神经系统发生紊乱。二者搭配能对抗电磁辐射对人体的不利影响。

★料理小帮手：

在豆浆中加入花粉时宜一点点地少量加入，这样易于搅拌均匀且没有花粉颗粒。

★特别提醒：

油菜花粉不宜在豆浆滚烫时加入，不然高温会破坏花粉的营养。

缓解疲劳

■ 花生腰果豆浆 ┃ 消除身体疲劳，改善脑疲劳

★材料：黄豆 60 克，花生仁、腰果各 20 克。

★做法：

1. 黄豆用清水浸泡 10～12 小时，洗净；花生仁洗净；腰果碾碎。

2. 将上述食材一同倒入全自动豆浆机中，加水至上、下水位线之间，煮至豆浆机提示豆浆做好即可。

★养生功效解析：

腰果维生素 B_1 的含量仅次于芝麻和花生，有补充体力、消除疲劳的效果，适合易疲倦的人食用；花生仁含有特殊的健脑物质，如卵磷脂、胆碱等，能改善脑疲劳。二者搭配能消除身体疲劳，改善脑疲劳。

★料理小帮手：

腰果可以选用熟的，熟腰果更容易碾碎。

★特别提醒：

跌打损伤者不宜饮用此豆浆，因花生中有一种凝血因子，可使血淤不散，加重淤肿。

■ 黑红绿豆浆 ▎ 赶走体虚乏力

★材料： 黑豆 50 克，红小豆 20 克，绿豆 10 克。

★做法：

1. 黑豆用清水浸泡 10～12 小时，洗净；红小豆、绿豆淘洗干净，用清水浸泡 4～6 小时。

2. 将上述食材一同倒入全自动豆浆机中，加水至上、下水位线之间，煮至豆浆机提示豆浆做好即可。

★养生功效解析：

能有效缓解工作压力大出现的体虚乏力状况，还能辅助调养肾虚和脱发。

★特别提醒：

豆浆做好后尽量在 4 小时内喝完，如果喝不完宜放入冰箱冷藏，尤其是在夏天，否则极易变质。

■ 杏仁榛子豆浆 ▎对恢复体能有益

★**材料**：黄豆 60 克，杏仁、榛子仁各 15 克。

★**做法**：

1. 黄豆用清水浸泡 10～12 小时，洗净；杏仁、榛子仁碾碎。

2. 将上述食材一同倒入全自动豆浆机中，加水至上、下水位线之间，煮至豆浆机提示豆浆做好即可。

★**养生功效解析**：

这道豆浆富含蛋白质、B 族维生素、维生素 E、钙和铁等，而胆固醇的含量较低，对恢复体能有益，能起到抗疲劳的功效。

★**特别提醒**：

过敏体质者不宜饮用此豆浆，可能会对杏仁产生一定的过敏反应。

Part 3

豆浆食疗方
既能祛病又饱口福

降血压

■ 黑豆青豆薏米豆浆　　适合痰湿型高血压者

★**材料**：黑豆 50 克，青豆、薏米各 25 克，冰糖 10 克。

★**做法**：

1. 黑豆和青豆用清水浸泡 10～12 小时，洗净；薏米淘洗干净，用清水浸泡 2 小时。

2. 将浸泡好的黑豆、青豆和薏米倒入全自动豆浆机中，加水至上、下水位线之间，煮至豆浆机提示豆浆做好，过滤后加冰糖搅拌至化开即可。

★**养生功效解析**：

　　黑豆中的钙、镁等具有扩张血管、促进血液流通的作用，对高血压能起到缓解作用；薏米有较强的利水祛湿功效，对于痰湿内阻造成的脾胃虚弱型高血压患者非常适宜。二者搭配能促进血液流通，非常适宜痰湿内阻造成的脾胃虚弱型高血压患者。

★**料理小帮手**：

　　如果冰糖块较大，最好敲碎，放到豆浆中更容易化开。

★特别提醒：

慢性肾病患者在肾功能衰竭时不宜饮用黑豆做成的豆浆，因为黑豆是高蛋白食品，会增加肾脏负担。

■ 荷叶小米黑豆豆浆 ▌ 中等程度降压

★材料：黑豆、小米各 50 克，鲜荷叶 15 克，冰糖 10 克。

★做法：

1. 黑豆用清水浸泡 10～12 小时，洗净；小米淘洗干净，用清水浸泡 2 小时；鲜荷叶洗净，剪成小片。

2. 将黑豆、小米和鲜荷叶片倒入全自动豆浆机中，加水至上、下水位线之间，煮至豆浆机提示豆浆做好，过滤后加冰糖搅拌至化开即可。

★养生功效解析：

小米能抑制血管收缩，降低血压，适合体虚、消化不良的高血压患者；荷叶所含槲皮素可扩张冠状血管，改善心肌循环，起到中等程度的降压作用。二者搭配能抑制血管收缩，改善心肌循环，起到中等程度的降压作用。

■ 黄豆桑叶黑米豆浆 ▌ 改善高血压症状

★材料：黄豆 50 克，黑米 20 克，鲜桑叶 10 克。

★做法：

1. 黄豆用清水浸泡 10～12 小时，洗净；黑米淘洗干净，用清水浸泡 2 小时；鲜桑叶洗净。

2. 将黄豆、黑米和鲜桑叶倒入全自动豆浆机中，加水至上、下水位线之间，煮至豆浆机提示豆浆做好，过滤后倒入杯中即可。

★养生功效解析：

黑米含花青素，可使血管壁免遭自由基破坏，维持血管弹性，预防高血压；桑叶中的 γ-氨基丁酸有降低血压的作用，可改善高血压症状。二者搭配能维持血管弹性，降低血压，改善高血压症状。

★料理小帮手：

浸泡黑米的水保留，和清水一起倒入豆浆机使用，可更好地保留和利用黑米的营养成分。

★特别提醒：

桑叶性寒，有疏风散热、润肺止咳的功效，因此，风寒感冒有口淡、鼻塞、流清涕、咳嗽、吐稀白痰等症状的人不适合饮用这款豆浆。

降血糖

■ 薏米荞麦红豆浆 ▎ 改善葡萄糖耐量

★**材料**：红小豆 40 克，荞麦 15 克，薏米 20 克。

★**做法**：

1. 红小豆淘洗干净，用清水浸泡 4～6 小时；荞麦和薏米淘洗干净，用清水浸泡 2 小时。

2. 将泡好的红小豆、荞麦和薏米倒入全自动豆浆机中，加水至上、下水位线之间，煮至豆浆机提示豆浆做好，过滤后倒入杯中饮用即可。

★**养生功效解析**：

　　荞麦富含膳食纤维，可改善葡萄糖耐量，还能抑制餐后血糖的升高速度；薏米中的薏米多糖能促进组织对葡萄糖的利用，调节血糖浓度。二者搭配能改善葡萄糖耐量，调节血糖浓度，抑制餐后血糖的升高速度。

★**料理小帮手**：

　　用温水浸泡红小豆，能缩短其泡软的时间。

★**特别提醒**：

　　荞麦和薏米性微寒，不适宜虚寒体质长期食用，怀孕妇女及正值经期的妇女应该避免饮用这款豆浆。

黑豆玉米须燕麦豆浆 对抗血糖升高

★**材料**：黑豆 50 克，燕麦 30 克，玉米须 20 克。

★**做法**：

1. 黑豆用清水浸泡 10～12 小时，洗净；燕麦淘洗干净，用清水浸泡 2 小时；玉米须洗净，剪碎。

2. 将黑豆、燕麦和玉米须倒入全自动豆浆机中，加水至上、下水位线之间，煮至豆浆机提示豆浆做好，过滤后倒入杯中即可。

★**养生功效解析**：

黑豆能增强胰腺功能，促进胰岛素分泌，还能延缓糖类的吸收，降低血糖值；玉米须能对抗外源性葡萄糖引起的血糖升高和肾上腺素的升糖作用。二者搭配能增强胰腺功能，促进胰岛素分泌，对抗血糖升高。

★**料理小帮手**：

玉米须宜剪碎，不然搅打豆浆时易缠绕在刀片上方的搅拌棒上。

★**特别提醒**：

燕麦和黑豆中的草酸盐可与钙结合，易形成结石，会加重肾结石的症状，所以肾结石患者不宜饮用这款豆浆。

■ 荞麦枸杞豆浆 ┃ 降低血糖，预防多种并发症

★材料：黄豆 50 克，荞麦 25 克，枸杞子 15 克。

★做法：

1. 黄豆用清水浸泡 10～12 小时，洗净；荞麦淘洗干净，用清水浸泡 2 小时；枸杞子洗净，用清水泡软。

2. 将上述食材一同倒入全自动豆浆机中，加水至上、下水位线之间，煮至豆浆机提示豆浆做好，过滤后倒入杯中即可。

★养生功效解析：

黄豆含丰富的大豆蛋白，有预防糖尿病并发心血管疾病和肾病的作用；枸杞子中的活性成分枸杞多糖有较强的 α-葡萄糖苷酶抑制作用，能降低血糖。二者搭配能降低血糖，预防多种并发症。

★料理小帮手：

荞麦可以换成同样具有降血糖功效的莜麦。

★特别提醒：

枸杞子的用量不宜多，因为枸杞子性温，进食过多会令人上火。

血脂异常

■ 荞麦山楂豆浆 ▌ 调节脂质代谢，软化血管

★材料：黄豆 50 克，荞麦米 20 克，山楂 10 克，冰糖 10 克。

★做法：

1. 黄豆用清水浸泡 10～12 小时，洗净；荞麦米淘洗干净，用清水浸泡 2 小时；山楂洗净，去蒂，除籽。

2. 将黄豆、荞麦米和山楂倒入全自动豆浆机中，加水至上、下水位线之间，煮至豆浆机提示豆浆做好，过滤后加冰糖搅拌至化开即可。

★养生功效解析：

荞麦含有生物类黄酮——芦丁，能降低血脂，软化血管；山楂富含有机酸和维生素 C，能调节脂质代谢，显著降低血清胆固醇及甘油三酯。二者搭配能调节脂质代谢，软化血管，显著降低甘油三酯和胆固醇。

★料理小帮手：

如果嫌山楂的味道太酸，可以在去核后用盐水浸泡 5 分钟再放入豆浆机搅打，酸味会轻很多。

★特别提醒：

山楂含果酸较多，胃酸分泌过多者不宜饮用这款豆浆。

■ 百合红豆大米豆浆 ┃ 抑制脂肪的堆积

★材料：红小豆 50 克，百合 25 克，大米 50 克，冰糖 10 克。

★做法：

1. 红小豆用清水浸泡 4～6 小时，洗净；大米淘洗干净；百合泡发，择洗干净，分瓣。
2. 将红小豆、大米和百合瓣倒入全自动豆浆机中，加水至上、下水位线之间，煮至豆浆机提示豆浆做好，过滤后加冰糖搅拌至化开即可。

★养生功效解析：

百合高钾低钠，能有效溶解沉积在血管壁上的胆固醇，清洁和疏通血管；红小豆含有较多的膳食纤维，能减少糖的吸收，抑制其转化为脂肪堆积在血管内。二者搭配能抑制脂肪的堆积，溶解血管壁上的胆固醇，清洁和疏通血管。

★料理小帮手：

百合泡后分瓣或切碎，能被搅打得比较细碎，充分释放营养。

★特别提醒：

百合性微寒，脾胃虚寒、大便稀薄、拉肚子者不宜饮用这款豆浆。

■ 柠檬薏米豆浆 ▌ 降低血胆固醇浓度

★材料：红小豆 50 克，薏米 30 克，蜜炼陈皮、蜜炼柠檬片各 10 克，冰糖 10 克。

★做法：

1. 红小豆淘洗干净，用清水浸泡 4～6 小时；薏米淘洗干净，用清水浸泡 2 小时；陈皮、柠檬片均切碎。
2. 将红小豆、薏米、陈皮末和柠檬末倒入全自动豆浆机中，加水至上、下水位线之间，煮至豆浆机提示豆浆做好，过滤后加冰糖搅拌至化开即可。

★养生功效解析：

陈皮含有果胶，能降低血液中胆固醇的浓度，还具有防止脂肪聚集的作用；柠檬中的维生素 C 能够促进胆固醇分解，可有效降低胆固醇水平。二者搭配能促进胆固醇分解，降低血液中胆固醇的浓度。

★料理小帮手：

如果不喜欢陈皮和柠檬片的味道，可以适量多加些冰糖调和一下口味。

★特别提醒：

陈皮性温燥，所以舌红赤、唾液少，有实热者慎用；内热气虚、燥咳吐血者也应忌用。

贫血

■ 桂圆红豆豆浆 ▌改善心血不足及贫血头晕

★材料：红小豆 50 克，桂圆肉 30 克。

★做法：

1. 红小豆淘洗干净，用清水浸泡 4～6 小时；桂圆肉切碎。

2. 将红小豆和桂圆肉倒入全自动豆浆机中，加水至上、下水位线之间，煮至豆浆机提示豆浆做好，过滤后倒入杯中即可。

★养生功效解析：

桂圆补脾益气、养血安神，对贫血引起的头晕有改善作用；红小豆能行气补血，尤其对补心血有益，非常适合心血不足的女性食用。二者搭配能补脾、养血、改善心血不足及贫血头晕。

★料理小帮手：

桂圆肉用干的或鲜的均可，如果用干的用量要酌减。

★特别提醒：

这款豆浆加入了性味甘温的桂圆，所以内有痰疾及患有热病者不宜饮用，尤其是孕妇更不宜饮用。

红枣花生豆浆　养血、补血、补虚

★材料：黄豆 60 克，红枣、花生仁各 15 克，冰糖 10 克。

★做法：

1. 黄豆用清水浸泡 10～12 小时，洗净；红枣洗净，去核，切碎；花生仁挑净杂质，洗净。

2. 将黄豆、红枣和花生倒入全自动豆浆机中，加水至上、下水位线之间，煮至豆浆机提示豆浆做好，加冰糖搅拌至化开即可。

★养生功效解析：

花生与红枣配合在一起食用，既可养血、补血、补虚，又能止血，最宜用于身体虚弱的出血病人。

★特别提醒：

肠胃虚弱者饮用这道豆浆时，不宜同时吃黄瓜、螃蟹，容易造成腹泻。

■ 枸杞黑芝麻豆浆 ┃ 防治缺铁性贫血

★**材料**：黄豆 50 克，枸杞子、熟黑芝麻各 25 克，冰糖 10 克。

★**做法**：

1. 黄豆用清水浸泡 10～12 小时，洗净；黑芝麻碾碎；枸杞子洗净，用清水泡软。

2. 将上述食材一同倒入全自动豆浆机中，加水至上、下水位线之间，煮至豆浆机提示豆浆做好，过滤后加冰糖搅拌至化开即可。

★**养生功效解析**：

这款豆浆铁元素的含量较高，对防治缺铁性贫血有一定帮助，还有改善气喘、头晕、疲乏、脸色苍白等不适症状的作用。

★**特别提醒**：

黑芝麻如果保存不当，外表出现油腻潮湿的现象时，最好不要食用，以免对人体造成伤害。

失眠

■ 小米百合葡萄干豆浆

┃ 改善肝肾亏虚和气血虚弱引起的失眠

★**材料**：黄豆 50 克，小米 30 克，鲜百合、葡萄干各 15 克。

★**做法**：

1. 黄豆用清水浸泡 10～12 小时，洗净；小米淘洗干净，用清水浸泡 2 小时；百合择洗干净，分瓣。

2. 将上述食材一同倒入全自动豆浆机中，加水至上、下水位线之间，煮至豆浆机提示豆浆做好，过滤后倒入杯中即可。

★**养生功效解析**：

　　百合入心经，能清心除烦，宁心安神，提高睡眠质量；葡萄干有补肝肾、益气血的功效，可帮助改善肝肾亏虚和气血虚弱引起的失眠。二者搭配能宁心安神，改善肝肾亏虚和气血虚弱引起的失眠。

★**料理小帮手**：

　　葡萄干也可以换成同样能改善失眠的提子干。

★**特别提醒**：

　　因为葡萄干的含糖量较高，糖尿病患者最好少饮或不饮这道豆浆。

■ 高粱小米豆浆 ▎ 辅助治疗脾胃失和引起的失眠

★**材料**：黄豆 50 克，高粱米、小米各 25 克，冰糖 10 克。

★**做法**：

1. 黄豆用清水浸泡 10～12 小时，洗净；小米、高粱米淘洗干净，用清水浸泡 2 小时。

2. 将黄豆、小米和高粱米倒入全自动豆浆机中，加水至上、下水位线之间，煮至豆浆机提示豆浆做好，过滤后加冰糖搅拌至化开即可。

★**养生功效解析**：

　　这款豆浆能健脾养胃，提高睡眠质量，辅助治疗脾胃失和引起的失眠。

★**特别提醒**：

　　高粱米性温，含有具收敛止泻作用的鞣酸，便秘者不宜饮用这款豆浆。

■ 枸杞百合豆浆 ▎ 调理神经虚弱引起的失眠

★**材料**：黄豆 50 克，枸杞子、鲜百合各 25 克。

★做法：

1. 黄豆用清水浸泡 10～12 小时，洗净；百合择洗干净，分瓣；枸杞子洗净，用清水泡软。

2. 将黄豆、枸杞子和鲜百合瓣倒入全自动豆浆机中，加水至上、下水位线之间，煮至豆浆机提示豆浆做好即可。

★养生功效解析：

这款豆浆有镇静催眠的作用，可用于调理神经衰弱而引起的失眠，对于睡时易醒、多梦也有很好的调养效果。

★特别提醒：

用于改善失眠，选择新鲜百合食疗为佳，这样功效会更强。

脂肪肝

■ 燕麦苹果豆浆　降低血胆固醇，防止脂肪聚集

★材料：黄豆 50 克，燕麦、苹果各 30 克。

★做法：

1. 黄豆用清水浸泡 10～12 小时，洗净；燕麦淘洗干净，用清水浸泡 2 小时；苹果洗净，去蒂，除核，切小块。

2. 将黄豆、燕麦和苹果块倒入全自动豆浆机中，加水至
   上、下水位线之间，煮至豆浆机提示豆浆做好即可。

★养生功效解析：

燕麦含有丰富的亚油酸和皂苷素，可以降低血清胆固醇和甘油三酯；苹果含有丰富的果胶，能降低血液的胆固醇浓度，具有防止脂肪聚集的作用。二者搭配能降低血液胆固醇浓度，防止脂肪聚集，辅助治疗脂肪肝。

★料理小帮手：

苹果过水浸湿后，在表皮放少许盐，然后双手握着苹果来回轻轻地搓，这样表面的脏东西很快就能搓干净，然后再用水冲干净，就可以放心吃了。

★特别提醒：

苹果尽量不要削皮，因为苹果中的维生素和果胶等有效成分大多含在皮和近皮部分。

■ 荷叶豆浆　■　避免脂肪在肝脏的堆积

★材料：黄豆 50 克，鲜荷叶 30 克，冰糖 10 克。

★做法：

1. 黄豆用清水浸泡 10～12 小时，洗净；鲜荷叶洗净，
   切丝。

2. 将黄豆和鲜荷叶丝倒入全自动豆浆机中，加水至上、

下水位线之间，煮至豆浆机提示豆浆做好，过滤后加冰糖搅拌至化开即可。

★养生功效解析：

荷叶含生物碱，能阻止脂肪的吸收，避免脂肪在肝脏的堆积；黄豆中丰富的大豆蛋白能降低血清总胆固醇，是脂肪肝饮食治疗的首选食物。二者搭配能避免脂肪在肝脏的堆积，降低血清总胆固醇。

★料理小帮手：

搅打豆浆前将荷叶切成丝，能使荷叶的营养较好地释放出来。

★特别提醒：

荷叶性凉，身体瘦弱、气血虚弱的人慎饮荷叶豆浆。

■ 山楂银耳豆浆　促进肝脏蛋白质的合成

★材料：黄豆 50 克，银耳 5 克，山楂 20 克，冰糖 10 克。

★做法：

1. 黄豆用清水浸泡 10～12 小时，洗净；银耳用清水泡发，择洗干净，撕成小朵；山楂洗净，去核。

2. 将黄豆、银耳和山楂倒入全自动豆浆机中，加水至上、下水位线之间，煮至豆浆机提示豆浆做好，过滤后加冰糖搅拌至化开即可。

★**养生功效解析：**

山楂有助于胆固醇转化，而且含有熊果酸，能阻止动物脂肪在血管壁的沉积；银耳中的银耳多糖能降低血清胆固醇、甘油三酯，促进肝脏蛋白质的合成。二者搭配有助于胆固醇转化，促进肝脏蛋白质的合成。

★**料理小帮手：**

银耳用凉水泡发三四小时，水慢慢地渗透到银耳中，银耳泡到呈半透明状即为发好。

★**特别提醒：**

孕妇，特别是在孕早期，不宜饮用这道山楂银耳豆浆，因为山楂能刺激子宫收缩，易诱发流产。

骨质疏松

■ **牛奶芝麻豆浆** ▎有利于获得满意的骨峰值

★**材料**：黄豆 50 克，牛奶 100 毫升，黑芝麻 10 克。

★**做法：**

1. 黄豆用清水浸泡 10～12 小时，洗净；黑芝麻洗净，沥干水分，碾碎。

2. 将黄豆和黑芝麻倒入全自动豆浆机中，加水至上、下水位线之间，煮至豆浆机提示豆浆做好，加牛奶搅拌均匀即可。

★养生功效解析：

黑芝麻钙含量非常高，有利于获得满意的骨峰值；牛奶中含有乳糖和维生素 D，能促进钙质吸收。二者搭配能营养互补，功效加强，有利于获得满意的骨峰值。

★料理小帮手：

黑芝麻先上火炒熟，再用擀面杖碾压就可以轻松碾碎了。

★特别提醒：

存放牛奶时，不宜将其暴露在明亮的灯光或太阳光下，这样牛奶容易产生异味，还会降低维生素 B_2、维生素 B_6 等营养成分的含量。牛奶最好存放在密闭的纸箱中。

■ 虾皮紫菜豆浆 ┃ 防治缺钙引起的骨质疏松

★材料：黄豆 40 克，大米、紫菜、虾皮各 10 克，葱末、盐各少许。

★做法：

1. 黄豆用清水浸泡 10～12 小时，洗净；大米淘洗干净；紫菜撕成小片；虾皮洗净。

2. 将黄豆、大米、紫菜片、虾皮和葱末倒入全自动豆浆机中，加水至上、下水位线之间，煮至豆浆机提示豆浆做好，过滤后加盐调味即可。

★养生功效解析：

　　虾皮钙含量很高，紫菜则镁含量很高，两者合用，能促进钙的吸收，为身体提供充足的钙质，防治缺钙引起的骨质疏松。

★特别提醒：

　　皮肤病患者不宜饮用这款豆浆，因为紫菜和虾皮属于发物，不利于病情的恢复。

■ 栗子米豆浆　■ 提高骨密度

★材料：黄豆 50 克，栗子、大米各 20 克，冰糖 10 克。

★做法：

1. 黄豆用清水浸泡 10～12 小时，洗净；大米淘洗干净；栗子去壳取肉，切小块。
2. 将黄豆、大米和栗子倒入全自动豆浆机中，加水至上、下水位线之间，煮至豆浆机提示豆浆做好，过滤后加冰糖搅拌至化开即可。

★养生功效解析：

　　栗子含有丰富的维生素 C，能够维持骨骼的正常功用，可以预防和治疗骨质疏松；黄豆可为人体提供充足的钙质，防止因缺钙引起骨质疏松，且能提高骨密度。

★特别提醒：

这款豆浆热量较高，最好在两餐之间饮用，以免摄入过多的热量，不利于保持体重。

湿疹

■ **绿豆苦瓜豆浆** ▌祛湿止痒，缓解湿疹症状

★**材料**：绿豆、苦瓜各 50 克，冰糖 10 克。

★**做法：**

1. 绿豆淘洗干净，用清水浸泡 4～6 小时；苦瓜洗净，去蒂，除籽，切小丁。

2. 将绿豆和苦瓜丁倒入全自动豆浆机中，加水至上、下水位线之间，煮至豆浆机提示豆浆做好，过滤后加冰糖搅拌至化开即可。

★**养生功效解析：**

绿豆有清热祛湿的功效，能缓解湿疹的发热、疹红水多等症状；苦瓜中含有奎宁，能清热解毒，祛湿止痒，有

助于预防和治疗湿疹。二者搭配能清热祛湿止痒，有助于缓解湿疹症状，防治湿疹。

★料理小帮手：

苦瓜洗净后用盐轻轻揉搓一会儿，可以去除一部分苦味。

★特别提醒：

这款豆浆性质较寒凉，脾胃虚寒者及慢性胃肠炎患者应少饮或不饮。

■ 薏米红枣豆浆 ▎ 促进体内湿气排出

★材料：黄豆 50 克，薏米、红枣各 25 克，冰糖 10 克。

★做法：

1. 黄豆用清水浸泡 10～12 小时，洗净；薏米淘洗干净，用清水浸泡 2 小时；红枣洗净，去核，切碎。

2. 将黄豆、薏米和红枣碎倒入全自动豆浆机中，加水至上、下水位线之间，煮至豆浆机提示豆浆做好，过滤后加冰糖搅拌至化开即可。

★养生功效解析：

薏米是健脾利湿的常用药材，红枣能健脾益气，两者合用，能增强脾脏功能，促进体内湿气排出。

★**特别提醒**：

有手脚冰冷等症状的体质虚寒者制作这款豆浆时，最好将薏米先炒一下以缓解其寒凉。

■ 白萝卜冬瓜豆浆　▍有利于湿气运化

★**材料**：黄豆 40 克，白萝卜、冬瓜各 30 克，冰糖 10 克。

★**做法**：

1. 黄豆用清水浸泡 10～12 小时，洗净；白萝卜择洗干净，切成丁；冬瓜除籽，洗净，切小块。

2. 将黄豆、白萝卜丁和冬瓜块倒入全自动豆浆机中，加水至上、下水位线之间，煮至豆浆机提示豆浆做好，过滤后加冰糖搅拌至化开即可。

★**养生功效解析**：

带皮冬瓜能清热利湿，配合能健脾的白萝卜，有利于湿气运化，加快湿疹康复。

★**特别提醒**：

如果不喜欢白萝卜的辛辣味，可以先将白萝卜加盐腌渍 10 分钟左右再用。

过敏

■ 红枣大麦豆浆 ┃ 抑制哮喘等过敏症状

★**材料**：黄豆 50 克，红枣 20 克，大麦 15 克，冰糖 10 克。

★**做法**：

1. 黄豆用清水浸泡10～12 小时，洗净；红枣洗净，去核，切碎；大麦淘洗干净，用清水浸泡 2 小时。

2. 将黄豆、红枣碎和大麦倒入全自动豆浆机中，加水至上、下水位线之间，煮至豆浆机提示豆浆做好，过滤后加冰糖搅拌至化开即可。

★**养生功效解析**：

红枣中含有大量抗过敏物质——环磷酸腺苷，可阻止过敏反应的发生，和富含谷氨酸、天冬氨酸的黄豆一起做成豆浆，能扩张支气管，抑制气喘等过敏症状。

■ 黑芝麻黑枣豆浆 ┃ 用于过敏缓解期的调养

★**材料**：黑豆 50 克，熟黑芝麻、黑枣各 15 克，冰糖 10 克。

★做法：

1. 黑豆用清水浸泡 10～12 小时，洗净；黑枣洗净，去核，切碎；黑芝麻碾碎。

2. 将黑豆、黑芝麻碎和黑枣碎倒入全自动豆浆机中，加水至上、下水位线之间，煮至豆浆机提示豆浆做好，过滤后加冰糖搅拌至化开即可。

★养生功效解析：

补益肝肾、祛风解毒、润肤，并能增强免疫力，可用于过敏缓解期的调养。

Part 4

不同人群豆浆
一杯豆浆养全家

准妈妈

■ 百合银耳黑豆浆 ▎缓解妊娠反应和焦虑性失眠

★**材料**：黑豆 40 克，水发银耳、鲜百合各 25 克。

★**做法**：

1. 黑豆用清水浸泡 10～12 小时，洗净；银耳择洗干净，撕成小朵；百合择洗干净，分瓣。

2. 将黑豆、水发银耳和鲜百合瓣倒入全自动豆浆机中，加水至上、下水位线之间，煮至豆浆机提示豆浆做好，过滤后倒入杯中即可。

★**养生功效解析**：

　　银耳滋阴润肺、益胃生津，能够缓解孕妇妊娠反应；百合清心安神，能够促进睡眠，改善孕期焦虑性失眠。二者搭配能滋阴润肺，清心安神，缓解孕期妊娠反应和焦虑性失眠。

★**料理小帮手**：

　　用泡发银耳的水代替清水煮制豆浆能更大程度地保留银耳中一些水溶性的营养成分。

★**特别提醒**：

　　这款豆浆较滋腻，凡外感风寒引起感冒、咳嗽和因湿热生痰咳嗽，以及阳虚畏寒怕冷者均不宜饮用。

■ 小米豌豆豆浆 ┃ 促进胎儿中枢神经发育

★**材料**：黄豆 50 克，鲜豌豆、小米各 25 克，冰糖 10 克。

★**做法**：

1. 黄豆用清水浸泡 10～12 小时，洗净；小米淘洗干净，用清水浸泡一两小时；豌豆洗净。

2. 将黄豆、小米和豌豆倒入全自动豆浆机中，加水至上、下水位线之间，煮至豆浆机提示豆浆做好，过滤后加冰糖搅拌至化开即可。

★**养生功效解析**：

豌豆中含有丰富的叶酸，能促进胎儿的中枢神经系统发育，对怀孕早期的准妈妈们非常有好处；小米健脾和中、益肾补虚，是改善准妈妈脾胃虚弱、体虚、食欲不振的营养康复良品。二者搭配能促进胎儿中枢神经系统发育，健脾补虚，增强准妈妈体质。

★**料理小帮手**：

也可以用富含叶酸的芦笋代替鲜豌豆。

★**特别提醒**：

由于加入了性稍偏凉的小米，气滞、体质偏虚寒、小便清长的准妈妈不宜过多饮用这款豆浆。

新妈妈

■ 红薯山药豆浆 ▌有利于滋补元气、恢复体形

★材料：红薯、山药各 15 克，黄豆 30 克，大米、小米、燕麦片各 10 克。

★做法：

1. 黄豆用清水浸泡 10～12 小时，洗净；大米和小米淘洗干净，用清水浸泡 2 小时；红薯、山药分别洗净，去皮，切丁。

2. 将黄豆、红薯丁、山药丁、大米、小米、燕麦片倒入全自动豆浆机中，加水至上、下水位线之间，煮至豆浆机提示豆浆做好，过滤后倒入杯中即可。

★养生功效解析：

红薯有助于新妈妈恢复体形，还含有类似雌性激素的物质，能使皮肤白嫩细腻；山药滋肾益精、健脾益胃，有利于产后的新妈妈滋补元气。二者搭配有利于产后的新妈妈滋补元气、恢复体形并使皮肤白嫩细腻。

★料理小帮手：

把去皮的山药放入冷水中，加入少量醋，可防止其

氧化变黑。

★ **特别提醒：**

把山药切碎比切成片食用，更容易消化吸收其中的营养物质。

红豆红枣豆浆 促进产后体力恢复和乳汁分泌

★ **材料：** 黄豆 40 克，红小豆、红枣各 20 克，冰糖 10 克。

★ **做法：**

1. 黄豆用清水浸泡 10～12 小时，洗净；红小豆淘洗干净，用清水浸泡 4～6 小时；红枣洗净，去核，切碎。

2. 将黄豆、红小豆和红枣碎倒入全自动豆浆机中，加水至上、下水位线之间，煮至豆浆机提示豆浆做好，过滤后加冰糖搅拌至化开即可。

★ **养生功效解析：**

红小豆富含叶酸，有催乳的功效，适合产后的新妈妈经常食用；红枣能补益气血、通乳，对产后体力恢复和乳汁分泌都有很好的功效。二者搭配补益气血、通乳强力，能促进产后体力恢复和乳汁分泌。

★ **料理小帮手：**

红小豆和红枣的比例以 1：1 最佳，既有利于营养吸收，又能使食疗功效加倍。

★特别提醒：

服用退烧药时不宜饮用这款豆浆，因为退烧药与含糖量高的红枣容易形成不溶性的复合体，减少身体对药物的吸收。

宝宝

■ 燕麦芝麻豆浆 ▌ 预防小儿佝偻病、缺铁性贫血

★材料：黄豆50克，熟黑芝麻10克，燕麦30克。

★做法：

1. 黄豆用清水浸泡10～12小时，洗净；燕麦淘洗干净，用清水浸泡2小时；黑芝麻擀碎。

2. 将黄豆、燕麦和黑芝麻碎倒入全自动豆浆机中，加水至上、下水位线之间，煮至豆浆机提示豆浆做好，过滤后加冰糖搅拌至化开即可。

★养生功效解析：

黄豆含钙量较高，对预防小儿佝偻病较为有效；黑芝麻含铁量较为丰富，很适合正在生长发育的儿童食用，能

预防缺铁性贫血。二者搭配能预防小儿佝偻病、缺铁性贫血。

★料理小帮手：

燕麦米可以用燕麦片代替。

★特别提醒：

黑芝麻含有较多油脂，有润肠通便的作用，加上燕麦富含膳食纤维，便溏腹泻的宝宝不宜饮用这款豆浆。

■ 胡萝卜豆浆 ┃ 提高宝宝的免疫力

★材料： 黄豆 50 克，胡萝卜 30 克。

★做法：

1. 黄豆用清水浸泡 10～12 小时，洗净；胡萝卜洗净，去皮，切块。

2. 将黄豆和胡萝卜块倒入全自动豆浆机中，加水至上、下水位线之间，煮至豆浆机提示豆浆做好，过滤后加冰糖搅拌至化开即可。

★养生功效解析：

胡萝卜富含能在人体内转变成维生素 A 的 β-胡萝卜素，具有促进生长发育、保护眼睛、抵抗传染病的功效，能提高宝宝的免疫力。

★ 特别提醒：

　　饮用这款豆浆时最好不要添加白糖，因为其先要在胃内经过消化酶的分解作用转化为葡萄糖才能被吸收，对消化功能比较弱的宝宝不利。

■ 核桃燕麦豆浆 ▎促进宝宝的大脑发育

★ 材料：黄豆 50 克，核桃仁、燕麦各 10 克，冰糖 10 克。

★ 做法：

1. 黄豆用清水浸泡 10～12 小时，洗净；燕麦淘洗干净，用清水浸泡 2 小时；核桃仁碾碎。
2. 将黄豆、燕麦和核桃仁碎倒入全自动豆浆机中，加水至上、下水位线之间，煮至豆浆机提示豆浆做好，过滤后加冰糖搅拌至化开即可。

★ 养生功效解析：

　　黄豆和核桃富含卵磷脂，可增强记忆力。核桃含有的蛋白质和锌能提高思维的灵敏性。

★ 特别提醒：

　　核桃仁表面的褐色薄皮含有多酚类物质，有一定的营养价值，所以食用时不要剥掉。

老年人

■ 五豆豆浆 ▎ 保护心血管、延缓衰老

★**材料**：黄豆 30 克，黑豆、青豆、干豌豆、花生仁各 10 克，冰糖 10 克。

★**做法**：

1. 黄豆、黑豆、青豆、豌豆用清水浸泡 10～12 小时，洗净；花生仁洗净。

2. 将上述食材一同倒入全自动豆浆机中，加水至上、下水位线之间，煮至豆浆机提示豆浆做好，过滤后加冰糖搅拌至化开即可。

★**养生功效解析**：

黑豆能软化血管、滋润皮肤、延缓衰老，并能滋补肾阴，改善老年人体虚乏力的状况；花生仁能降低血脂，保护心血管，减少老年人罹患心血管疾病的概率。二者搭配能保护心血管、滋润皮肤、滋补肾阴、延缓衰老。

★**料理小帮手**：

将黄豆、黑豆、青豆、干豌豆和花生仁在冰箱冷冻室先放置 1 小时左右，可大大缩短浸泡时间。

★特别提醒：

花生仁不宜去红衣，因为花生衣有促进骨髓制造血小板的功能，还有加强毛细血管收缩以及调节凝血因子缺陷的作用，营养价值较高。

■ 豌豆绿豆大米豆浆 ▎防止动脉硬化

★材料：大米 75 克，豌豆 10 克，绿豆 15 克，冰糖 10 克。

★做法：

1. 绿豆、豌豆用清水浸泡 10～12 小时，洗净；大米淘洗干净。

2. 将绿豆、豌豆和大米倒入全自动豆浆机中，加水至上、下水位线之间，煮至豆浆机提示豆浆做好，过滤后加冰糖搅拌至化开即可。

★养生功效解析：

绿豆中含有的植物固醇能减少肠道对胆固醇的吸收；豌豆中所含的胆碱、蛋氨酸有助于防止动脉硬化，预防老年人易发的心血管疾病。二者搭配能减少胆固醇吸收，防止动脉硬化。

★料理小帮手：

大米和豆类的比例为 3∶1 时最有利于蛋白质的互补和吸收利用，豌豆和绿豆中的赖氨酸可弥补大米的不足。

★ 特别提醒：

豌豆易产气，使人腹胀，消化不良者和慢性胰腺炎患者忌饮这款豆浆，糖尿病患者也要慎饮。

■ 燕麦枸杞山药豆浆　┃ 强身健体、延缓衰老

★ 材料： 黄豆 40 克，山药 20 克，燕麦片、枸杞子各 10 克。

★ 做法：

1. 黄豆用清水浸泡10～12小时，洗净；山药去皮，洗净，切小丁；枸杞子洗净，泡软。

2. 将上述食材一同倒入全自动豆浆机中，加水至上、下水位线之间，煮至豆浆机提示豆浆做好，过滤后倒入杯中即可。

★ 养生功效解析：

山药有清心安神、补中益气、助五脏、强筋骨的作用，能延年轻身；枸杞子能显著提高人体中血浆睾酮素含量，达到强身健体、延缓衰老的效果。二者搭配能强身健体、延缓衰老。

★ 料理小帮手：

山药切成段后在沸水中浸泡 30 分钟左右，取出再去皮切丁，既容易去皮又不会使手发痒。

★特别提醒：

这款豆浆温热身体的效果比较强，正在感冒发烧、身体有炎症、腹泻的人最好不要饮用。

更年期

■ 桂圆糯米豆浆 ▎改善烦躁、潮热等更年期症状

★材料：黄豆 50 克，桂圆肉、糯米各 20 克。

★做法：

1. 黄豆用清水浸泡 10～12 小时，洗净；糯米淘洗干净，用清水浸泡 2 小时。

2. 将黄豆、桂圆肉和糯米倒入全自动豆浆机中，加水至上、下水位线之间，煮至豆浆机提示豆浆做好，过滤后倒入杯中即可。

★养生功效解析：

桂圆有补血安神、补养心脾的功效，对更年期心烦气躁、失眠多梦有辅助治疗作用；黄豆中的大豆异黄酮有助于改善失眠、烦躁、潮热等更年期症状。二者搭配能补心安神，改善失眠、烦躁、潮热等更年期症状。

★料理小帮手：

可以用对更年期症状同样起改善作用的莲子来代替桂圆肉。

★特别提醒：

这款豆浆加入了助火化燥的桂圆，凡阴虚内热、湿阻中满、痰火体质的人，尤其是怀孕早期的妇女不宜饮用。

■ 燕麦红枣豆浆 ▌ 缓解更年期障碍症状

★材料：黄豆 50 克，红枣 25 克，燕麦片 15 克。

★做法：

1. 黄豆用清水浸泡 10～12 小时，洗净；红枣洗净，去核，切碎。

2. 将黄豆、燕麦片和红枣碎倒入全自动豆浆机中，加水至上、下水位线之间，煮至豆浆机提示豆浆做好，过滤后倒入杯中即可。

★养生功效解析：

燕麦片丰富的维生素 E 可以扩张末梢血管，改善血液循环，缓解更年期障碍症状；红枣有补脾和胃、益气生津、养血安神等功效，能缓解更年期症状。二者搭配能补脾和胃、益气生津、养血安神，缓解更年期障碍症状。

★料理小帮手：

用即食燕麦片，其营养更容易溶进豆浆中。

★特别提醒：

鲜枣适合生吃，制作豆浆最好选择钙含量更高的干枣，有利于营养成分的吸收和利用。

■ 莲藕雪梨豆浆　　清热安神，安抚焦躁的情绪

★材料：黄豆 50 克，莲藕 30 克，雪梨 1 个。

★做法：

1. 黄豆用清水浸泡 10～12 小时，洗净；莲藕去皮，洗净，切小丁；雪梨洗净，去皮和核，切小丁。

2. 将黄豆、莲藕丁和雪梨丁倒入全自动豆浆机中，加水至上、下水位线之间，煮至豆浆机提示豆浆做好，过滤后倒入杯中即可。

★养生功效解析：

莲藕有镇静的作用，可抑制神经兴奋，养心安神，消除更年期情绪暴躁、焦虑不安等症状；雪梨可清热去燥、和中安神，能辅助治疗更年期痰热扰心、烦闷所引起的失眠。二者搭配能清热安神，帮助消除更年期情绪暴躁、焦虑不安和失眠症状。

★料理小帮手：

将去皮后的莲藕放在醋水中浸泡 5 分钟后捞起擦干，

可使其与空气接触后不变色。

★特别提醒：

这款豆浆性偏凉，饮用后会增加体内寒气，因此体质虚寒、脾虚胃寒者和易腹泻者不宜饮用。

脑力工作者

■ 健脑豆浆　改善脑循环，增强思维的敏锐度

★材料：黄豆 55 克，核桃仁 10 克，熟黑芝麻 5 克，冰糖
　　　　10 克。

★做法：

1. 黄豆浸泡 10～12 小时，洗净；黑芝麻碾碎；核桃仁切小块。

2. 将黄豆、黑芝麻碎和核桃仁块倒入豆浆机中，加水至上、下水位线之间，煮至豆浆做好，过滤后加冰糖搅拌至化开即可。

★养生功效解析：

黑芝麻和核桃富含卵磷脂，能改善脑循环，增强思维的敏锐度，有助增强专注力和记忆力。

核桃杏仁豆浆 ┃ 提高脑力工作者的工作效率

★材料：黄豆 50 克，核桃仁、杏仁各 10 克，冰糖 10 克。

★做法：

1. 黄豆用清水浸泡 10～12 小时，洗净；核桃仁和杏仁均碾碎。

2. 将黄豆、杏仁碎和核桃仁碎倒入全自动豆浆机中，加水至上、下水位线之间，煮至豆浆机提示豆浆做好，过滤后加冰糖搅拌至化开即可。

★养生功效解析：

这款豆浆含有丰富的多不饱和脂肪酸，进入人体后可生成 DHA，增强记忆力、判断力，改善视神经，提高脑力工作者的工作效率。

Part 5

蔬果味豆浆

口味升级，营养更好

■ 西芹芦笋豆浆 ▎防癌、抗癌

★材料：黄豆 50 克，西芹、芦笋各 25 克，冰糖 10 克。

★做法：

1. 黄豆用清水浸泡 10～12 小时，洗净；芦笋、西芹分别择洗干净，切小粒。

2. 将黄豆、芦笋粒和西芹粒倒入全自动豆浆机中，加水至上、下水位线之间，煮至豆浆机提示豆浆做好，过滤后加冰糖搅拌至化开即可。

★养生功效解析：

芦笋富含多种维生素、矿物质，对膀胱癌、肺癌等癌症可起到较好的辅助调养作用；西芹富含膳食纤维，能减少致癌物与结肠黏膜的接触，达到预防结肠癌的目的。二者搭配能防癌、抗癌。

★料理小帮手：

加白糖调味时宜一点一点地加入，有助于调出适合自己口味的甜度。

★特别提醒：

这款豆浆含有少量嘌呤，痛风患者不宜多饮。

■ 南瓜豆浆 ▎降低胆固醇，控制高血糖

★**材料**：黄豆 60 克，南瓜 30 克。

★**做法**：

1. 黄豆用清水浸泡 10～12 小时，洗净；南瓜去皮，除瓤和籽，洗净，切小粒。

2. 将黄豆和南瓜粒倒入全自动豆浆机中，加水至上、下水位线之间，煮至豆浆机提示豆浆做好，过滤后倒入杯中即可。

★**养生功效解析**：

　　这款豆浆有健胃整肠、帮助消化、降低胆固醇、控制高血糖等作用，还能提高人体免疫力，增强抗病能力。

★**特别提醒**：

　　南瓜皮的内层营养含量不低，不宜去掉太多，以便较好地保存其营养。

■ 生菜豆浆 ▎减肥健美、增白皮肤

★**材料**：黄豆 60 克，生菜 30 克。

★**做法**：

1. 黄豆用清水浸泡 10～12 小时，洗净；生菜择洗干净，切碎。

2. 将黄豆、生菜碎倒入全自动豆浆机中，加水至上、下水位线之间，煮至豆浆机提示豆浆做好，过滤后倒入杯中即可。

★养生功效解析：

这款豆浆高蛋白、低脂肪、多维生素、低胆固醇，具有滋阴补肾、减肥健美、增白皮肤的功效。

★特别提醒：

因为生菜性寒，胃寒的人应少饮生菜豆浆。

■ 黄瓜雪梨豆浆 ▎ 清热解渴、润肺生津

★材料： 黄豆 50 克，黄瓜 15 克，雪梨 20 克。

★做法：

1. 黄豆用清水浸泡 10～12 小时，洗净；黄瓜洗净，切粒；雪梨洗净，去皮和核，切小块。

2. 将黄豆、雪梨块和黄瓜粒倒入全自动豆浆机中，加水至上、下水位线之间，煮至豆浆机提示豆浆做好即可。

★养生功效解析：

黄瓜汁多味甘，有清热解渴、益胃生津的功效；雪梨能清热化痰、润肺生津，可缓解因体内津液减少所致的口渴、咳嗽、便秘等不适症状。二者搭配能清热解渴、润肺生津。

★**特别提醒：**

黄瓜皮和籽中维生素 C 含量较高，最好不要丢弃。

■ 苹果豆浆 ▎ 预防便秘，促进体内毒素排出

★**材料：**黄豆、苹果各 50 克。

★**做法：**

1. 黄豆用清水浸泡 10～12 小时，洗净；苹果洗净，去皮，除籽，切小块。

2. 将黄豆、苹果块倒入全自动豆浆机中，加水至上、下水位线之间，煮至豆浆机提示豆浆做好即可。

★**养生功效解析：**

这款豆浆含有丰富的膳食纤维，能够预防便秘，促进体内毒素排出，还有降低胆固醇的作用。

★**特别提醒：**

这道豆浆宜带豆渣饮用，能获取足量的膳食纤维，对排毒有益。

■ 菠萝豆浆 ▎ 促进肉食消化，解除油腻

★**材料：**黄豆 50 克，菠萝肉 30 克，盐少许。

★做法：

1. 黄豆用清水浸泡 10～12 小时，洗净；菠萝肉切小块，用淡盐水浸泡 30 分钟。

2. 将黄豆、菠萝块倒入全自动豆浆机中，加水至上、下水位线之间，煮至豆浆机提示豆浆做好即可。

★养生功效解析：

这款豆浆能促进人体的新陈代谢、消除疲劳、增进食欲、促进消化，尤其是在吃肉食较多时，能起到消食的作用，并能解除油腻。

★特别提醒：

菠萝果肉中含有菠萝酶，对口腔黏膜有刺激作用，因此一定要预先将其放在冷盐水中浸泡 30 分钟左右。

■ 冰镇香蕉草莓豆浆 ┃ 消除疲劳、预防癌症

★材料：黄豆 60 克，香蕉 30 克，草莓 100 克。

★做法：

1. 黄豆用清水浸泡 10～12 小时，洗净；香蕉去皮，切丁；草莓洗净，去蒂，切丁。

2. 将黄豆、香蕉丁和草莓丁倒入全自动豆浆机中，加水至上、下水位线之间，煮至豆浆机提示豆浆做好，放入冰箱冷藏即可。

★养生功效解析：

香蕉中富含矿物质钾，具有消除疲劳的功效；草莓富含鞣酸，可阻止致癌化学物质的吸收，具有预防结肠癌和肝癌的作用。二者搭配能消除疲劳，预防结肠癌和肝癌。

★料理小帮手：

将带蒂草莓在流水下不断清洗，然后放入淡盐水或淘米水中浸泡 5 分钟，能去除草莓表面的农药。

★特别提醒：

这款豆浆较寒凉，不宜过多饮用，尤其是脾胃虚寒、便溏腹泻者更要少饮。

Part 6

花草豆浆
芬芳味道不可挡

■ 玫瑰薏米豆浆 ┃ 抗皱，改善面色暗沉

★**材料**：黄豆 60 克，玫瑰花 15 朵，薏米 30 克，冰糖
10 克。

★**做法**：

1. 黄豆用清水浸泡 10～12 小时，洗净；薏米淘洗干净，
用清水浸泡 2 小时；玫瑰花洗净。

2. 将黄豆、薏米和玫瑰花倒入全自动豆浆机中，加水至
上、下水位线之间，煮至豆浆机提示豆浆做好，过滤
后加冰糖搅拌至化开即可。

★**养生功效解析**：

玫瑰花能调经止痛、解毒消肿，消除因内分泌功能紊
乱所致的面部暗疮；薏米健脾益胃、祛风胜湿，能改善脾
胃两虚而导致的颜面多皱、面色暗沉。二者搭配能有助于
消除面部暗疮、皱纹，改善面色暗沉。

★**料理小帮手**：

玫瑰花宜选择香气浓郁的，会令搅打出的豆浆味道更
香浓。

★**特别提醒**：

因为玫瑰花能活血化淤，多食薏米能滑胎，所以孕妇
不宜饮用此豆浆，以免导致流产。

■ 茉莉花豆浆 ▎减轻腹痛、经痛，滋润肌肤

★材料：黄豆 80 克，茉莉花 10 克，蜂蜜 10 克。

★做法：

1. 黄豆用清水浸泡 10～12 小时，洗净；茉莉花洗净浮尘。

2. 将黄豆和茉莉花倒入全自动豆浆机中，加水至上、下水位线之间，煮至豆浆机提示豆浆做好，过滤后凉至温热加入蜂蜜调味即可。

★养生功效解析：

　　茉莉花豆浆除了可以安定情绪之外，还能清热解暑、健脾、化湿，减轻腹痛、经痛，并能滋润肌肤、养颜美容。

★特别提醒：

　　茉莉花辛香偏温，火热内盛、燥结便秘者最好不要饮用茉莉花豆浆，孕妇尤其要慎饮。

■ 金银花豆浆 ▎清热解毒、消肿止痛

★材料：黄豆 80 克，金银花 10 克，冰糖 10 克。

★做法：

1. 黄豆用清水浸泡 10～12 小时，洗净；金银花洗净浮尘。

2. 将黄豆和金银花倒入全自动豆浆机中，加水至上、下

水位线之间，煮至豆浆机提示豆浆做好，过滤后加冰糖搅拌至化开即可。

★养生功效解析：

金银花豆浆具有清热解毒、消肿止痛的功效，可辅助治疗上呼吸道感染、流行性感冒、扁桃体炎、牙周炎等疾病。

★特别提醒：

脾胃虚寒有经常肚子疼、腹泻、腹部发凉、手脚发凉等症状者不宜饮用金银花豆浆。

■ 菊花绿豆浆 ▎ 清热解毒

★材料： 绿豆 80 克，菊花 10 朵，冰糖 10 克。

★做法：

1. 绿豆淘洗干净，用清水浸泡 4～6 小时；菊花洗净浮尘。

2. 将绿豆和菊花倒入全自动豆浆机中，加水至上、下水位线之间，煮至豆浆机提示豆浆做好，过滤后加冰糖搅拌至化开即可。

★养生功效解析：

菊花有疏散风热、平肝明目的功效，对外感风热、目赤肿痛有辅助治疗作用；绿豆有清热解毒的作用，对热肿、热渴、痘毒等有一定的疗效。二者搭配能清热解毒，对外感风热、痘毒有一定疗效。

★料理小帮手：

将洗净的绿豆放入保温瓶中，倒入开水盖好，两三小时后，绿豆粒会涨大变软，能够缩短浸泡时间。

★特别提醒：

患有慢性胃肠炎、肢体关节冷痛、腹痛、腹泻、痛经等虚症寒症时，在服用中药治疗的同时应禁饮菊花绿豆浆。

■ 薄荷蜂蜜豆浆 ▎ 提神醒脑，抗疲劳

★材料： 黄豆 80 克，薄荷 5 克，蜂蜜 10 克。

★做法：

1. 黄豆用清水浸泡 10～12 小时，洗净；薄荷洗净，切碎。

2. 将黄豆和薄荷碎倒入全自动豆浆机中，加水至上、下水位线之间，煮至豆浆机提示豆浆做好，过滤后，凉至温热加蜂蜜调味即可。

★养生功效解析：

此豆浆有疏风散热、提神醒脑、抗疲劳的作用，对舒缓感冒伤风、偏头痛有很好的辅助疗效。

★特别提醒：

产后的妇女，如果以母乳喂哺宝宝，就要切忌饮用薄荷蜂蜜豆浆，否则会使乳汁减少。

■ 绿茶豆浆 ▌ 抗辐射、抗衰老

★材料：黄豆80克，绿茶5克，冰糖10克。

★做法：

1. 黄豆用清水浸泡10～12小时，洗净。

2. 将黄豆和绿茶倒入全自动豆浆机中，加水至上、下水位线之间，煮至豆浆机提示豆浆做好，过滤后加冰糖搅拌至化开即可。

★养生功效解析：

提高人体的抗辐射能力，减轻各种辐射对人体的不良影响，还能阻断脂质过氧化反应，延缓衰老。

★特别提醒：

服用硫酸亚铁等含有增血剂的药物时，不宜饮用绿茶豆浆，否则会阻止人体对增血剂的吸收。

■ 百合红豆豆浆 ▌ 缓解肺热或肺燥咳嗽

★材料：红小豆60克，鲜百合20克。

★做法：

1. 红小豆淘洗干净，用清水浸泡 4～6 小时；鲜百合择洗干净，分瓣。

2. 将红小豆和鲜百合倒入全自动豆浆机中，加水至上、下水位线之间，煮至豆浆机提示豆浆做好，过滤后倒入杯中即可。

★养生功效解析：

百合富含黏液质，具有润燥清热作用，能够缓解肺燥或肺热咳嗽；红小豆含有较多的皂角苷，具有良好的利尿作用，能解酒、解毒、消肿。二者搭配能清热利尿，缓解肺热或肺燥咳嗽。

★料理小帮手：

在打豆浆前将泡好的红小豆放入锅中煮沸之后过凉，可以减少豆腥味，使做出的豆浆又浓又香。

★特别提醒：

这道豆浆过滤出的红豆沙拌入少许白糖食用香甜适口，但因其含有较多的淀粉，一次吃得过多会导致腹胀。

Part 7

豆香美食
豆浆与豆渣的美味转身

豆浆料理

豆浆手擀面 ┃ 养心除烦、健脾益肾

★**材料**：面粉 200 克，豆浆 100 毫升，番茄鸡蛋卤 200
　　　　克，黄瓜 50 克，盐 2 克。

★**做法**：

1. 面粉倒入盛器中，加盐，少量多次地淋入豆浆，揉成
　 面团；黄瓜洗净，去蒂，切丝。

2. 面团擀成薄面片按"S"形反复折叠整齐，刀面垂直于
　 折叠好的面片切成细丝，抖开，撒少许面粉抓匀，放
　 入沸水中煮熟。

3. 将煮熟的面条捞入碗中，淋入番茄鸡蛋卤，放上黄瓜
　 丝拌匀后食用即可。

★**养生功效解析**：

　　具有养心除烦、健脾益肾、除热止渴的功效。

★**特别提醒**：

　　煮手擀面的水不要倒掉，因为其中富含维生素 B_1，既
吃煮面条又喝些煮面的汤，能更好地吸收面粉中的营养。

豆浆西蓝花熘虾仁 ▌ 提高抗病能力

★材料：豆浆 50 毫升，西蓝花 150 克，虾仁 30 克，葱花、姜末各 5 克，淀粉、料酒各 10 克，盐 3 克。

★做法：

1. 西蓝花洗净，掰成小朵，入沸水中略焯，捞出沥干；虾仁洗净；豆浆与淀粉调成芡汁备用。

2. 锅置火上，放油烧热，放入虾仁炒至变色时捞出沥油。

3. 锅留底油，加热后，放葱花、姜末煸香，加西蓝花翻炒几下，放入虾仁，烹入料酒，用豆浆调成的芡汁勾芡，加盐调味即可。

★养生功效解析：

补虚益气，增强机体免疫功能，促进肝脏解毒，提高抗病能力。

豆浆南瓜浓汤 ▌ 强健脾胃、帮助消化

★材料：豆浆 150 毫升，南瓜 200 克，虾仁 50 克，青豆仁 20 克，干百合 30 克，洋葱末 15 克，蒜末 5 克，高汤 500 毫升，盐 3 克，胡椒粉少许。

★做法：

1. 南瓜去籽和皮，切片备用；青豆仁、虾仁一起放入沸水中氽烫，再将虾仁切丁备用。

2. 锅置火上，倒油烧热，爆香蒜末、洋葱末，放入南瓜片翻炒几下，再加入高汤，放入百合，煮至南瓜熟软，倒入豆浆，煮沸后放虾仁、青豆仁再次煮沸，加盐和胡椒粉拌匀即可。

★养生功效解析：

促进胃肠蠕动，强健脾胃，帮助消化，改善食欲不振、消化不良、便秘等不适。

■ 豆浆什锦饭 ┃ 补血强体，健脑益智

★材料： 豆浆 200 毫升，糯米 100 克，葡萄干 30 克，花生仁、桂圆肉、红枣、莲子、核桃仁各 25 克。

★做法：

1. 糯米淘洗干净，用清水浸泡 2 小时；莲子用清水泡软，洗净；花生仁洗净；红枣洗净，去核；核桃仁掰成小块；葡萄干洗净。

2. 将所有食材一同倒入电饭锅中，淋入豆浆和适量清水，盖上锅盖，蒸至电饭锅提示米饭蒸好，盖着锅盖再闷 10 分钟即可。

★养生功效解析：

补血强体、健脑益智，可用于贫血、神经衰弱、营养不良性水肿等病症的调养。

■ 豆浆鸡蛋羹 ▌ 调节内分泌，延缓衰老

★材料：豆浆 200 毫升，鸡蛋 2 个，白糖 5 克，水淀粉 10 克。

★做法：

1. 鸡蛋磕入碗中，打成蛋液，用水淀粉、白糖和水调成糊。

2. 锅置火上，倒入豆浆，大火煮沸 3～5 分钟后，加入调好的糊，边加边朝一个方向不停搅动至呈羹状即可。

★养生功效解析：

这道豆浆美食能调节内分泌，改善更年期症状，延缓衰老，减少面部青春痘、暗疮的发生，使皮肤白皙润泽。

★特别提醒：

豆浆一定要煮沸加热 3～5 分钟后再加入蛋液，才能使豆浆中的抗胰蛋白酶物质失去活性，更完全地吸收和利用蛋白质。

■ 豆浆芒果肉蛋汤 ▮ 缓解更年期症状

★**材料**：豆浆 100 毫升，芒果和鸡蛋各 1 个，虾仁、鸡胸脯肉各 75 克，鲜汤 600 毫升，盐 2 克，鸡精、胡椒粉各 1 克，葱末、水淀粉各少许。

★**做法**：

1. 芒果洗净，去皮和核，切小丁；鸡蛋磕入碗内，打散；虾仁、鸡胸脯肉洗净，剁成蓉。

2. 锅置火上，倒油烧至七成热，炒香葱末，倒入豆浆烧沸，加入虾仁蓉、鸡肉蓉和芒果丁，倒入鲜汤烧沸，淋入蛋液搅成蛋花，调入胡椒粉、盐和鸡精，用水淀粉勾芡即可。

★**养生功效解析**：

　　益胃生津、清热滋阴，可缓解更年期月经不调、失眠等症状。

■ 豆浆烩什蔬 ▮ 降血糖、防癌

★**材料**：豆浆 500 毫升，菜花、小油菜各 100 克，鲜香菇 25 克，胡萝卜 50 克，盐 2 克，鸡精 1 克，葱末少许。

★**做法**：

1. 菜花择洗干净，掰成小朵；小油菜择洗干净，一切两半；香菇择洗干净，用沸水焯烫，捞出，切块；胡萝卜洗净，切片。

2. 锅置火上，倒油烧至七成热，加葱末炒香，放入胡萝卜片翻炒均匀，淋入豆浆和适量清水大火烧开，下入菜花和小油菜略煮，倒入香菇，加盐和鸡精调味即可。

★养生功效解析：

菜花富含的铬能有效地调节血糖，降低糖尿病患者对胰岛素的需要量；香菇兼有降血糖、防癌等多种功效。

■ 豆浆鲫鱼汤 ▎ 增强抗病能力，补虚通乳

★材料：豆浆 500 毫升，鲫鱼 1 条（约 400 克），葱段、姜片各 15 克，盐 3 克，料酒少许。

★做法：

1. 鲫鱼去鳞，除鳃和内脏，去掉腹内的黑膜，清洗干净。
2. 锅置火上，倒油烧至六成热，放入鲫鱼两面煎至微黄，下葱段和姜片，淋入料酒，加盖焖一会儿，倒入豆浆，加盖烧沸后转小火煮 30 分钟，放盐调味即可。

★养生功效解析：

豆浆鲫鱼汤含有丰富的优质蛋白质，可以补充营养，增强抗病能力，有利于术后、病后体虚形弱者和产妇身体的恢复，产妇食用还能通乳。

★**特别提醒：**

鲫鱼子中胆固醇含量较高，中老年血脂异常症患者应忌食。

豆渣料理

■ 豆渣丸子 ▎促进排便，预防便秘

★**材料**：豆渣 100 克，鸡蛋 2 个，面粉 30 克，胡萝卜 50 克，白胡椒粉 3 克，盐 2 克。

★**做法**：

1. 鸡蛋磕入碗中，打散；胡萝卜洗净，切成末。

2. 将豆渣、蛋液、面粉、胡萝卜末在大碗中混合，调入盐和白胡椒粉，搅拌均匀成糊状，团成丸子。

3. 锅置火上，倒油烧至六成热，放入丸子，煎 3 分钟，出香味熟透即可。

★**养生功效解析**：

豆渣所富含的膳食纤维能促进胃肠蠕动和消化液分泌，有利于食物消化，还能促进排便，预防便秘和大肠癌。

★特别提醒：

这道豆渣丸子是油煎食品，不容易消化，消化功能减退的老年人应少吃或不吃。

■ 豆渣蛋饼 ▍ 补充营养、促进消化

★**材料**：豆渣 100 克，面粉 50 克，鸡蛋 3 个，葱末 15 克，盐 5 克。

★做法：

1. 鸡蛋磕入大碗中，打散，加入豆渣、面粉、葱末、盐搅拌均匀呈糊状。

2. 平底锅置火上，倒油烧至六成热，用大汤勺舀一勺豆渣糊倒入平底锅中，摊成圆饼状，中小火煎至两面呈金黄色且熟透即可。

★养生功效解析：

豆渣蛋饼含有丰富的蛋白质和膳食纤维，能补充营养、促进消化，非常适合厌食、消化不良或者肥胖的儿童食用。

■ 什蔬炒豆渣 ▍ 减少肠壁对葡萄糖的吸收

★**材料**：豆渣 200 克，青椒、红椒、胡萝卜、芹菜各 30 克，干香菇 3 朵，料酒、葱末各 5 克，盐 3 克。

★做法：

1. 香菇泡发后，切粒；豆渣用纱布包好，挤去水分；青椒、红椒均洗净，切粒；胡萝卜洗净，切丁；芹菜择洗干净，切丁。

2. 锅置火上，倒油烧至七成热，炒香葱末，放入青椒粒、红椒粒、香菇粒、胡萝卜丁、芹菜丁，淋入料酒，翻炒几分钟。

3. 放入豆渣，略炒，加入盐，继续翻炒2分钟，至豆渣炒熟即可。

★养生功效解析：

　　这道菜中含有丰富的膳食纤维，能吸附食物中的糖分，减少肠壁对葡萄糖的吸收，有助于预防糖尿病。

豆渣馒头　　对消化系统很有益处

★材料： 豆渣 100 克，面粉 250 克，玉米面 30 克，白糖 10 克，酵母 3 克。

★做法：

1. 将豆渣、面粉、玉米面、白糖和酵母加温水和成面团，醒发至面团内部组织呈蜂窝状。

2. 将面团揉搓成圆柱，用刀切成小块，揉成圆形或方形馒头坯。

3. 蒸锅中加入适量的凉水，将整理好的馒头坯放在湿屉
   布上，中火蒸 20 分钟即可。

★**养生功效解析：**

　　食用豆渣馒头可以增加膳食纤维的摄入，对消化系
统很有益处，能促进消化、增进食欲，还有利于保持
体形。

■ 芹菜煎豆渣 ▍ 促进胃肠蠕动

★**材料**：豆渣、玉米面各 80 克，芹菜 30 克，鸡蛋 1 个，
　　　　　盐 3 克，胡椒粉少许。

★**做法：**

1. 芹菜择洗干净，切末备用；鸡蛋磕入碗中，打成蛋液。

2. 将芹菜末与豆渣、蛋液、玉米面混合，加盐、胡椒粉
   调味，搅拌均匀。

3. 平底锅置火上，放油烧热，倒入豆渣玉米糊，用锅铲
   压平，小火慢煎至两面金黄即可。

★**养生功效解析：**

　　豆渣、芹菜和玉米面中含有丰富的膳食纤维，能促进
胃肠蠕动，有防治便秘和结肠癌的作用。

■ 香菇炒豆渣 ▎降低心血管疾病的发病率

★**材料**：豆渣 250 克，干香菇 3 朵，西蓝花秆 40 克，红辣椒 1 个，葱末、料酒各 5 克，盐 3 克。

★**做法**：

1. 干香菇泡发，洗净，去蒂，切粒；红辣椒去籽和蒂，洗净后切成与香菇同样大小的粒；西蓝花秆（选用秆可使成菜清爽，其更适合切丁）洗净后切成小丁；豆渣用纱布包好，挤去其中的水分。

2. 锅置火上，倒油大火烧至七成热，放入葱末和红辣椒粒，煸炒出香味，放入西蓝花秆丁、香菇粒，调入料酒，翻炒 1 分钟后放入豆渣，翻炒几下后加入盐，继续翻炒 2 分钟，至豆渣炒熟即可。

★**养生功效解析**：

抑制脂肪和胆固醇在血管壁上的沉积，有助于保持血管弹性，降低心血管疾病的发病率。

附录
经典米糊推荐

■ 花生米糊

★**材料**：大米 60 克，熟花生仁 20 克，白糖 15 克。

★**做法**：

1. 大米淘洗干净，用清水浸泡 2 小时。
2. 将大米和熟花生仁倒入全自动豆浆机中，加水至上、下水位线之间，煮至豆浆机提示米糊做好，加白糖调味即可。

■ 红薯米糊

★**材料**：大米 50 克，红薯 30 克，燕麦 20 克。

★**做法**：

1. 大米和燕麦淘洗干净，用清水浸泡 2 小时；红薯洗净，去皮，切粒。
2. 将大米、燕麦和红薯粒倒入全自动豆浆机中，加水至上、下水位线之间，煮至豆浆机提示米糊做好即可。

■ 山药米糊 ▊

★**材料**：大米 50 克，山药 30 克，鲜百合 10 克，去心莲子 4 颗。

★**做法**：

1. 莲子用清水泡软，洗净；大米淘洗干净；山药去皮，洗净，切丁；百合择洗干净，分瓣。

2. 将上述食材一同倒入全自动豆浆机中，加水至上、下水位线之间，煮至豆浆机提示米糊做好即可。

■ 玉米米糊 ▊

★**材料**：大米 40 克，鲜玉米粒 30 克，绿豆 20 克，红枣 5 枚。

★**做法**：

1. 绿豆淘洗干净，用清水浸泡 4～6 小时；大米淘洗干净；红枣洗净，去核，切碎；鲜玉米粒洗净。

2. 将大米、绿豆、鲜玉米粒和红枣碎倒入全自动豆浆机中，加水至上、下水位线之间，煮至豆浆机提示米糊做好即可。

■ 南瓜米糊 ■

★**材料**：大米、糯米各 30 克，南瓜 20 克，红枣 5 枚。

★**做法**：

1. 大米、糯米淘洗干净，用清水浸泡 2 小时；南瓜洗净，去皮，除籽，切成粒；红枣洗净，去核，切碎。

2. 将大米、糯米、红枣碎和南瓜粒倒入全自动豆浆机中，加水至上、下水位线之间，煮至豆浆机提示米糊做好即可。

■ 胡萝卜米糊 ■

★**材料**：大米 40 克，胡萝卜和绿豆各 20 克，去心莲子 4 颗。

★**做法**：

1. 绿豆用清水浸泡 4～6 小时，洗净；大米淘洗干净；胡萝卜择洗干净，切成粒；莲子用清水泡软，洗净。

2. 将大米、绿豆、去心莲子和胡萝卜粒倒入全自动豆浆机中，加水至上、下水位线之间，煮至豆浆机提示米糊做好即可。

经典果蔬汁推荐

■ 西瓜汁

★**材料**：去皮西瓜 400 克。

★**做法**：去皮西瓜去籽，切小块，倒入全自动豆浆机中搅打均匀，倒入杯中饮用即可。

■ 葡萄汁

★**材料**：葡萄 250 克。

★**做法**：葡萄洗净，切成两半后去籽，倒入全自动豆浆机中，淋入适量清水搅打均匀，过滤后倒入杯中饮用即可。

■ 雪梨汁

★**材料**：雪梨 1 个。

★**做法**：雪梨洗净，去蒂，除核，切小丁，倒入全自动豆浆机中，淋入适量清水搅打均匀，倒入杯中饮用即可。

■ 番茄汁 ▮

★**材料**：番茄 2 个，蜂蜜 10 克。

★**做法**：

1. 番茄洗净，去蒂，切小丁，倒入全自动豆浆机中搅打均匀。

2. 将搅打好的番茄汁倒入杯中，加蜂蜜搅拌均匀后饮用即可。

■ 苹果汁 ▮

★**材料**：苹果 1 个，蜂蜜 10 克。

★**做法**：

1. 苹果洗净，去蒂，除核，切小丁，倒入全自动豆浆机，淋适量清水搅打均匀。

2. 将搅打好的苹果汁倒入杯中，加蜂蜜搅拌均匀后饮用即可。

■ 浓香油菜汁 ▮

★**材料**：油菜 150 克，浓汤宝 1 小盒。

★**做法**：油菜择洗干净，切碎，和浓汤宝一起放入全自动豆浆机中，加水至上、下水位线之间，煮至豆浆机提示蔬菜汁做好即可。

养生豆浆对症速查表

功效	名称	配料
健脾胃	青豆豆浆	青豆 80 克，白糖 15 克
	山药青黄豆浆	黄豆、青豆各 30 克，鲜山药 50 克，糯米 15 克
	高粱红枣豆浆	黄豆 50 克，高粱、红枣各 20 克，蜂蜜 10 克
	黄米糯米豆浆	黄豆 40 克，黄米 15 克，糯米 20 克
护心	红豆豆浆	红小豆 100 克，白糖适量
	绿红豆百合豆浆	绿豆、红小豆各 25 克，鲜百合 20 克
	红枣枸杞豆浆	黄豆 45 克，红枣 20 克，枸杞子 10 克
	青豆豆浆	青豆 80 克，白糖 15 克

续表

功效	名称	配料
益肝	玉米葡萄豆浆	黄豆 60 克，玉米楂 20 克，无籽葡萄干 15 克
	黑米青豆豆浆	黄豆 50 克，黑米、青豆各 20 克
	绿豆红枣枸杞豆浆	黄豆 60 克，绿豆 20 克，红枣 4 枚，枸杞子 5 克
补肾	牛奶开心果豆浆	黄豆 60 克，开心果 20 克，牛奶 250 毫升，白糖 15 克
	芝麻黑米豆浆	黑豆 60 克，黑米 20 克，花生仁、黑芝麻各 10 克，白糖 15 克
	黑豆蜜豆浆	黄豆 50 克，黑豆、黑米各 20 克，蜂蜜 10 克
润肺	糯米百合藕豆浆	黄豆 50 克，莲藕 30 克，糯米 20 克，百合 5 克，冰糖 10 克
	黑豆雪梨大米豆浆	黑豆 40 克，大米 30 克，雪梨 1 个，蜂蜜 10 克

功效	名称	配料
润肺	百合莲子绿豆浆	黄豆 30 克，绿豆 20 克，百合 10 克，莲子 15 克
	冰糖白果豆浆	黄豆 70 克，白果 15 克，冰糖 20 克
	百合荸荠梨豆浆	黄豆 50 克，百合 15 克，荸荠 30 克，雪梨 1 个，冰糖 10 克
	黄瓜雪梨豆浆	黄豆 50 克，黄瓜 15 克，雪梨 20 克
	百合红豆豆浆	红小豆 60 克，鲜百合 20 克
润肠通便	豌豆豆浆	豌豆 80 克，白糖 15 克
	玉米小米豆浆	黄豆 25 克，玉米糁 50 克，小米 15 克
	绿豆红薯豆浆	黄豆 40 克，绿豆 20 克，红薯 30 克
	苹果豆浆	黄豆、苹果各 50 克

功效	名称	配料
补气	黄豆红枣糯米豆浆	黄豆 60 克，红枣 10 克，糯米 20 克
	黄豆黄芪大米豆浆	黄豆 60 克，黄芪 25 克，大米 20 克，蜂蜜 10 克
	人参红豆紫米豆浆	黄豆 50 克，人参 10 克，红小豆 20 克，紫米 15 克，蜂蜜 15 克
	红薯山药豆浆	红薯、山药各 15 克，黄豆 30 克，大米、小米、燕麦片各 10 克
乌发	芝麻花生黑豆浆	黑豆 70 克，黑芝麻、花生仁各 10 克，白糖 15 克
	芝麻蜂蜜豆浆	黄豆 70 克，黑芝麻 20 克，蜂蜜 10 克
	蜂蜜核桃豆浆	黄豆 60 克，核桃仁 40 克，蜂蜜 10 克
祛湿	薏米红绿豆浆	绿豆、红小豆、薏米各 30 克

功效	名称	配料
祛湿	荞麦薏米豆浆	黄豆 50 克，薏米 25 克，荞麦 15 克
	山药薏米豆浆	黄豆 50 克，薏米 20 克，山药 30 克
	薏米红枣豆浆	黄豆 50 克，薏米、红枣各 25 克，冰糖 10 克
	白萝卜冬瓜豆浆	黄豆 40 克，白萝卜、冬瓜各 30 克，冰糖 10 克
排毒	燕麦糙米豆浆	黄豆 45 克，燕麦片 20 克，糙米 15 克
	海带豆浆	黄豆 60 克，水发海带 30 克
	绿豆红薯豆浆	黄豆 40 克，绿豆 20 克，红薯 30 克
	苹果豆浆	黄豆、苹果各 50 克
	金银花豆浆	黄豆 80 克，金银花 10 克，冰糖 10 克
	菊花绿豆浆	绿豆 80 克，菊花 10 朵，冰糖 10 克

功效	名称	配料
去火	绿豆豆浆	绿豆100克，白糖15克
	蒲公英小米绿豆浆	绿豆60克，小米、蒲公英各20克，蜂蜜10克
	大米百合荸荠豆浆	黄豆40克，大米20克，荸荠50克，百合10克
	绿豆百合菊花豆浆	绿豆80克，百合30克，菊花10克，冰糖10克
活血化淤	玫瑰花油菜黑豆浆	黄豆50克，黑豆25克，油菜20克，玫瑰花5克
	慈姑桃子小米绿豆浆	黄豆50克，慈姑30克，桃子1个，绿豆15克，小米10克
	山楂大米豆浆	黄豆60克，山楂25克，大米20克，白糖10克
抗衰老	糯米芝麻杏仁豆浆	黄豆40克，糯米25克，熟芝麻10克，杏仁15克

功效	名称	配料
抗衰老	胡萝卜黑豆豆浆	黑豆 60 克，胡萝卜 30 克，冰糖 10 克
	小麦核桃红枣豆浆	黄豆 50 克，小麦仁 20 克，核桃 2 个，红枣 4 枚
	干果豆浆	黄豆 40 克，榛子仁、松子仁、开心果各 15 克
	五豆豆浆	黄豆 30 克，黑豆、青豆、干豌豆、花生仁各 10 克，冰糖 10 克
	燕麦枸杞山药豆浆	黄豆 40 克，山药 20 克，燕麦片、枸杞子各 10 克
	绿茶豆浆	黄豆 80 克，绿茶 5 克，冰糖 10 克
防癌抗癌	黑豆豆浆	黑豆 80 克，白糖 15 克
	西芹芦笋豆浆	黄豆 50 克，西芹、芦笋各 25 克，冰糖 10 克
抗辐射	黄绿豆茶豆浆	黄豆、绿豆各 25 克，绿茶 5 克，冰糖 15 克

续表

功效	名称	配料
抗辐射	绿豆海带无花果豆浆	黄豆 50 克，绿豆 20 克，无花果 1 个，水发海带 15 克
	花粉木瓜薏米绿豆浆	绿豆 40 克，木瓜 50 克，薏米、油菜花粉各 20 克
	绿茶豆浆	黄豆 80 克，绿茶 5 克，冰糖 10 克
缓解疲劳	花生腰果豆浆	黄豆 60 克，花生仁、腰果各 20 克
	黑红绿豆浆	黑豆 50 克，红小豆 20 克，绿豆 10 克
	杏仁榛子豆浆	黄豆 60 克，杏仁、榛子仁各 15 克
	菠萝豆浆	黄豆 50 克，菠萝肉 30 克，盐少许
	冰镇香蕉草莓豆浆	黄豆 60 克，香蕉 30 克，草莓 100 克
	薄荷蜂蜜豆浆	黄豆 80 克，薄荷 5 克，蜂蜜 10 克

续表

功效	名称	配料
健脑	核桃燕麦豆浆	黄豆50克，核桃仁、燕麦各10克，冰糖10克
	健脑豆浆	黄豆55克，核桃仁10克，熟黑芝麻5克，冰糖10克
	核桃杏仁豆浆	黄豆50克，核桃仁、杏仁各10克，冰糖10克
美容	牛奶花生豆浆	黄豆60克，花生仁20克，牛奶250毫升，白糖15克
	生菜豆浆	黄豆60克，生菜30克
	玫瑰薏米豆浆	黄豆60克，玫瑰花15朵，薏米30克，冰糖10克
	茉莉花豆浆	黄豆80克，茉莉花10克，蜂蜜10克
清热解毒	金银花豆浆	黄豆80克，金银花10克，冰糖10克
	菊花绿豆浆	绿豆80克，菊花10朵，冰糖10克

功效	名称	配料
利尿	玉米红豆豆浆	黄豆 25 克，玉米糁 50 克，红小豆 15 克
降血压	黑豆青豆薏米豆浆	黑豆 50 克，青豆、薏米各 25 克，冰糖 10 克
	荷叶小米黑豆豆浆	黑豆、小米各 50 克，鲜荷叶 15 克，冰糖 10 克
	黄豆桑叶黑米豆浆	黄豆 50 克，黑米 20 克，鲜桑叶 10 克
降血糖	薏米荞麦红豆浆	红小豆 40 克，荞麦 15 克，薏米 20 克
	黑豆玉米须燕麦豆浆	黑豆 50 克，燕麦 30 克，玉米须 20 克
	荞麦枸杞豆浆	黄豆 50 克，荞麦 25 克，枸杞子 15 克
	南瓜豆浆	黄豆 60 克，南瓜 30 克
降胆固醇	玉米银耳枸杞豆浆	黄豆 25 克，玉米糁 50 克，银耳 1 小朵，枸杞子 5 克，冰糖 10 克

续表

功效	名称	配料
降胆固醇	豌豆绿豆大米豆浆	大米 75 克，豌豆 10 克，绿豆 15 克，冰糖 10 克
调节血脂异常	荞麦大米豆浆	黄豆 40 克，大米 25 克，荞麦 15 克
	荞麦山楂豆浆	黄豆 50 克，荞麦米 20 克，山楂 10 克，冰糖 10 克
	百合红豆大米豆浆	红小豆 50 克，百合 25 克，大米 50 克，冰糖 10 克
	柠檬薏米豆浆	红小豆 50 克，薏米 30 克，蜜炼陈皮、蜜炼柠檬片各 10 克，冰糖 10 克
防治贫血	桂圆红豆豆浆	红小豆 50 克，桂圆肉 30 克
	红枣花生豆浆	黄豆 60 克，红枣、花生仁各 15 克，冰糖 10 克
	枸杞黑芝麻豆浆	黄豆 50 克，枸杞子、熟黑芝麻各 25 克，冰糖 10 克

续表

功效	名称	配料
防治贫血	燕麦芝麻豆浆	黄豆 50 克，熟黑芝麻 10 克，燕麦 30 克
防治失眠	小麦玉米豆浆	黄豆 25 克，玉米糁 50 克，小麦仁 15 克
	小米百合葡萄干豆浆	黄豆 50 克，小米 30 克，鲜百合、葡萄干各 15 克
	高粱小米豆浆	黄豆 50 克，高粱米、小米各 25 克，冰糖 10 克
	枸杞百合豆浆	黄豆 50 克，枸杞子、鲜百合各 25 克
预防脂肪肝	玉米葡萄豆浆	黄豆 60 克，玉米糁 20 克，无籽葡萄干 15 克
	燕麦苹果豆浆	黄豆 50 克，燕麦、苹果各 30 克
	荷叶豆浆	黄豆 50 克，鲜荷叶 30 克，冰糖 10 克
	山楂银耳豆浆	黄豆 50 克，银耳 5 克，山楂 20 克，冰糖 10 克

功效	名称	配料
预防 骨质疏松	牛奶芝麻豆浆	黄豆 50 克，牛奶 100 毫升，黑芝麻 10 克
	虾皮紫菜豆浆	黄豆 40 克，大米、紫菜、虾皮各 10 克，葱末、盐各少许
	栗子米豆浆	黄豆 50 克，栗子、大米各 20 克，冰糖 10 克
防治湿疹	绿豆苦瓜豆浆	绿豆、苦瓜各 50 克，冰糖 10 克
	薏米红枣豆浆	黄豆 50 克，薏米、红枣各 25 克，冰糖 10 克
	白萝卜冬瓜豆浆	黄豆 40 克，白萝卜、冬瓜各 30 克，冰糖 10 克
缓解 过敏症状	大米莲藕豆浆	黄豆、大米、莲藕各 30 克，绿豆 20 克
	红枣大麦豆浆	黄豆 50 克，红枣 20 克，大麦 15 克，冰糖 10 克
	黑芝麻黑枣豆浆	黑豆 50 克，熟黑芝麻、黑枣各 15 克，冰糖 10 克

功效	名称	配料
防治更年期综合征	桂圆糯米豆浆	黄豆 50 克，桂圆肉、糯米各 20 克
	燕麦红枣豆浆	黄豆 50 克，红枣 25 克，燕麦片 15 克
	莲藕雪梨豆浆	黄豆 50 克，莲藕 30 克，雪梨 1 个

养生豆浆食材功效速查表

豆类

☆黄豆

性味归经：性平，味甘，归脾、大肠经。

功效：排毒美容、减肥瘦身、预防脂肪肝、辅助调养更年期综合征。

☆黑豆

性味归经：性平，味甘，归脾、肾经。

功效：补血安神、明目健脾、补肾益阴、解毒、活血利水、祛风。

☆红小豆

性味归经：性平，味甘、酸，归心、小肠经。

功效：健脾、解毒、生津、利小便、消胀、除肿、止吐、护心。

☆绿豆

性味归经：性凉，味甘，归心、胃经。

功效：清热降暑、降血脂、降低胆固醇、解毒、抗过敏、抗病毒。

☆青豆

性味归经：性平，味甘，归脾、大肠经。

功效：有保持血管弹性、健脑、健脾和预防脂肪肝的作用。

☆豌豆

性味归经：性平，味甘，归脾、胃经。

功效：增强免疫力、抗菌消炎、健脾胃、清肠利便、通乳、止泻痢。

谷薯类

☆大米

性味归经：性平，味甘，归脾、胃经。

功效：益气、健脾养胃、和五脏、通血脉、聪耳明目、止烦、止渴、止泻。

☆荞麦

性味归经：性平，味甘，归脾、胃、大肠经。

功效：健胃消积、止咳平喘、祛痰、止汗、抗菌消炎、降低血脂、抗血栓。

☆玉米

性味归经：性平，味甘，归脾、胃经。

功效：延缓衰老、预防高血压、利尿止血、开胃、降血

245678910111213141516171819202122232425262728293031323334353637383940

脂、辅助调养胃肠疾病。

☆小米

性味归经：性凉，味甘、咸，归肾、脾、胃经（陈小米性寒，味苦）。

功效：清热健胃、安神、滋阴养血、止呕、消渴、利尿、预防血管硬化。

☆小麦仁

性味归经：性凉，味甘，归心、脾、肾经。

功效：养心除烦、健脾益肾、除热止渴、润肺止血、预防便秘。

☆大麦

性味归经：性凉，味甘、咸，归脾、胃经。

功效：益气宽中、消渴除热、强脉益肤、回乳、止泻、宽肠利水、改善消化不良。

☆糯米

性味归经：性温，味甘，归脾、胃、肺经。

功效：补中益气、健脾养胃、止虚汗、消渴止泻、御寒又滋补。

☆高粱米

性味归经：性温，味甘、涩，归脾、胃经。

功效：和胃、消积、温中、涩肠胃、凉血解毒、改善小儿消化不良。

☆黄米

性味归经：性微寒，味甘，归肾、脾、胃经。

功效：益阴、利肺、利大肠，适合体弱多病、夜不得眠、久泄胃弱者。

☆黑米

性味归经：性平，味甘，归脾、胃经。

功效：明目活血、开胃益中、健脾暖肝，对病后体虚、贫血均有补益作用。

☆薏米

性味归经：性凉，味甘、淡，归脾、胃、肺经。

功效：增强人体免疫力、抗菌抗癌、利水、健脾、除痹、清热排脓。

☆糙米

性味归经：性平，味甘，归脾、胃经。

功效：提高人体免疫功能、促进血液循环，预防肥胖、心血管疾病、糖尿病、肿瘤。

☆燕麦片

性味归经：性温，味甘，归脾、胃经。

功效：改善血液循环、润肠通便、降脂减肥、降低胆固醇、维持新陈代谢。

☆山药

性味归经：性平，味甘，归肺、脾、肾经。

功效：能补脾养胃、生津益肺、补肾，可用于脾虚食少、久泻不止等症的调养。

☆红薯

性味归经：性平，味甘，归脾、胃、大肠经。

功效：暖胃、益五脏、增强免疫力、保护皮肤、延缓衰老、防癌抗癌。

☆芋头

性味归经：性平，味甘、辛，归胃、肠经。

功效：健脾益胃、宽肠、通便、解毒、益肝肾、消肿止痛、散结、化痰。

蔬菜

☆莲藕

性味归经：生藕性寒，味甘；熟藕性温，味甘。归心、脾、胃经。

功效：清热、生津、凉血、散淤、补脾、开胃、止泻。

☆荸荠

性味归经：性寒，味甘，归胃、肺、大肠经。

功效：促进大肠蠕动，通便排毒；能抗菌、抗病毒，抑制感冒病毒，用于预防感冒。

☆油菜

性味归经：性凉，味甘，归肝、脾、肺经。

功效：加速血液循环、散血消肿、明目。常吃有降低胰腺癌发病率的作用。

☆胡萝卜

性味归经：性平，味甘，归肺、脾经。

功效：健脾、降血糖、抗衰老、预防肿瘤。可用于夜盲症等病症的调养。

☆苦瓜

性味归经：性寒，味苦，归心、肝经。

功效：清暑解热、生津止渴、解除疲劳、解毒、降脂、降血糖、预防癌症。

☆白萝卜

性味归经：性凉，味辛、甘，归肺、脾经。

功效：增强食欲、促进消化。减少脂肪在皮下堆积，常吃可以减肥。

☆冬瓜

性味归经：性凉，味甘、淡，归肺、大肠、小肠、膀胱经。

功效：利尿消肿、清热解毒、化痰、润肤。常食有助于减肥。

☆西芹

性味归经：性凉，味甘，归肺、胃、肝经。

功效：清热利湿、增进食欲、止咳祛痰、消除疲劳、镇定神经、辅助调养高血压。

☆芦笋

性味归经：性寒，味甘，归脾、胃经。

功效：消暑解渴、清凉降火、防止癌细胞扩散，对心血管等病可起到调养作用。

☆南瓜

性味归经：性温，味甘，归脾、胃经。

功效：健胃助消化、减肥，预防高血压、糖尿病、便秘、肝脏疾病、肾脏疾病。

☆生菜

性味归经：性凉，味甘，归胃、肠经。

功效：清肝利胆、养胃、镇痛催眠、降低胆固醇、辅助调养神经衰弱。

☆黄瓜

性味归经：性凉，味甘，归脾、胃、大肠经。

功效：利尿、防治便秘、减肥、美容、解毒、降血压、降低血糖、抗癌。

☆西蓝花

性味归经：性凉，味甘，归肾、脾、胃经。

功效：散血消肿、抗癌，增强肝脏的解毒能力，提高免疫力。

菌藻

☆银耳

性味归经：性平，味甘，归肺、胃、肾经。

功效：补肾、滋阴润肺、养胃生津、补气和血、补脑提神、美容嫩肤、延年益寿。

☆黑木耳

性味归经：味甘，性平，归胃、大肠经。

功效：含铁量高，有益气补血、润肺镇静、降低胆固醇、化解结石的功效。

☆海带

性味归经：性寒，味咸，归肺经。

功效：软坚化痰、清热利水、降低胆固醇、降血压、调血脂、预防便秘和贫血。

☆紫菜

性味归经：性寒，味甘、咸，归肺经。

功效：预防甲状腺肿大、增强记忆、消水肿、保护心脏、解毒、预防动脉硬化。

水果

☆雪梨

性味归经：性凉，味甘、微酸，归胃、肺经。

功效：祛痰止咳、养护咽喉、促进食欲、消食开胃、缓解孕早期呕吐症状。

☆桃子

性味归经：性温，味甘、酸，归胃、大肠经。

功效：止咳平喘、护肝利胆、利尿消肿、抗血凝，预防贫血及防癌、抗癌。

☆山楂

性味归经：性微温，味酸、甘，归脾、胃、肝经。

功效：开胃消食、提高免疫力、抗癌，可用于食积腹胀、肥胖等病症的辅助调养。

☆无花果

性味归经：性平，味甘，归心、脾、胃经。

功效：健脾、增进食欲、促进消化、润肠通便、利咽消肿、防癌抗癌，增强抗病能力。

☆木瓜

性味归经：性温，味酸，归心、肺、肝经。

功效：镇痛、催眠、抗疲劳、提高注意力、增强免疫力、降低血脂、美容丰胸。

☆桂圆

性味归经：性温，味甘，归心、脾经。

功效：补血安神、健脑益智、补养心脾，对病后及体质虚弱者有补益作用。

☆苹果

性味归经：性平，味甘、酸，归胃、肾经。

功效：消水肿、除炎症、利尿、消食、清热解渴、抗血栓。

☆香蕉

性味归经：性寒，味甘，归肺、大肠经。

功效：保护胃黏膜并改善胃溃疡，有解除忧郁令人拥有好心情的作用，辅助降低血压。

☆草莓

性味归经：性凉，味甘、酸，归脾、胃、肺经。

功效：明目养肝、益心健脑、润肺生津、护肤减肥、助消化、通便、抗癌。

坚果/干果

☆黑芝麻

性味归经：性平，味甘，归肝、肾、肺经。

功效：益肝、补肾、养血补血、润燥、乌发、美容、抗衰老、预防心血管疾病。

☆花生
性味归经：性平，味甘，归肺、脾经。

功效：增强记忆、止血、润肺消肿、降低胆固醇、抗老化、预防肿瘤。

☆核桃仁
性味归经：性温，味甘，归肾、肺、大肠经。

功效：强身健体、滋养脑细胞、润泽肌肤、乌发、保护肝脏、防癌抗癌。

☆甜杏仁
性味归经：性平，味甘，归肺、大肠经。

功效：能补肺、降低胆固醇，使皮肤红润光泽，可降低心脏病的风险。

☆榛子仁
性味归经：性平，味甘，归胃、脾经。

功效：补益脾胃、滋养气血、明目、延缓衰老、润泽肌肤、预防血管硬化。

☆松子仁
性味归经：性温，味甘，归肝、肺、大肠经。

功效：补益气血、润燥滑肠、美容、健脑，还有较好的软化血管、延缓衰老的作用。

☆腰果

性味归经：性平，味甘，归脾、肾经。

功效：润肠通便、润肤美容、延缓衰老、提高抗病能力、保护血管、预防心血管疾病。

☆开心果

性味归经：性温，味辛，归脾、胃、肺经。

功效：有抗衰老的作用，能增强体质，还能润肠通便，有助于机体排毒。

☆栗子

性味归经：味甘，性温，归脾、胃、肾经。

功效：抗衰老、延年益寿、活血止血、补肾强筋、补脾健胃、预防口腔溃疡。

☆莲子

性味归经：性平，味涩，归心、脾、肾经。

功效：滋养补虚、强心安神、止遗涩精、降低血压、预防癌症。

☆葡萄干

性味归经：性平，味甘、酸，归脾、肺、肾经。

功效：抗衰老、健脾胃、助消化，是小孩和体弱、贫血者的滋补佳品。

☆葵花子

性味归经：性平，味甘，归大肠经。

功效：有补虚损、降血脂、抗癌的功效，适宜神经衰弱的失眠者适量食用。

中药材

☆枸杞子

性味归经：性温，味甘，归肝、肾经。

功效：具有改善神经衰弱、保护肝脏、调养肾虚及玻璃体混浊等眼病的功效。

☆百合

性味归经：性平，味甘、微苦，归心、肺经。

功效：具有养心安神、润肺止咳的功效，对病后虚弱的人较为有益。

☆白果

性味归经：性平，味甘、苦、涩，归肺、肾经。

功效：敛肺定喘、燥湿止带、益肾固精、镇咳解毒，预防高血压、动脉硬化等。

☆黄芪

性味归经：性微温，味甘，归脾、肺经。

功效：补气升阳、固表止汗、行水消肿，还可保护肝脏、调节内分泌。

☆人参

性味归经：性温，味甘、微苦，归脾、肺、心经。

功效：大补元气、补脾益肺、生津止渴、安神、增强心肌功能、利尿、预防癌症。

☆蒲公英

性味归经：性寒，味苦、甘，归肝、胃、肾经。

功效：清热解毒、散结消肿、除湿利尿。

☆菊花

性味归经：性微寒，味甘、微苦，归肺、肝经。

功效：疏散风热、清肝明目、清热解毒，辅助降血压，还有较好的抗炎作用。

☆玫瑰花

性味归经：性微温，味甘、微苦，归肝、脾、胃经。

功效：舒肝解郁、和血调经、活血化淤，辅助调养月经不调、乳腺增生。

☆荷叶

性味归经：性凉，味苦、辛、微涩，归心、肝、脾经。

功效：消暑利湿、健脾升阳、散淤止血、减肥，改善脂肪肝、动脉硬化。

☆桑叶

性味归经：性微寒，味苦、甘，归肺、肝经。

功效：疏风清热、清肺止咳、清肝明目，预防肥胖及血脂异常。

☆玉米须

性味归经：性平，味甘、淡，归肾、肝、胆经。

功效：利尿消肿、平肝利胆，辅助调养胆囊炎、胆结石、高血压等病症。

☆薄荷

性味归经：性凉，味辛，归肺、肝经。

功效：疏风散热、利咽喉、透疹、解郁、消除口臭，改善头痛、痛经、瘙痒等不适。

☆蜂蜜

性味归经：性平，味甘，归脾、肺、大肠经。

功效：补充体力，消除疲劳，增强对疾病的抵抗力，对肝脏有保护作用，还能润肠通便。

☆茉莉花

性味归经：性温，味辛、甘，归肝、脾、胃经。

功效：清热解毒、强心益肝、理气安神、振脾健胃、抗菌消炎。

其他

☆白糖

性味归经：性平，味甘，归脾、肺经。

功效：滋阴、润肺生津、止咳、舒缓肝气。

☆冰糖

性味归经：性平，味甘，归肺、脾经。

功效：有清热解毒、生津润肺、止咳化痰、利咽降浊的功效。

☆绿茶

性味归经：性微寒，味甘、苦，归心、肺、胃经。

功效：防辐射、提高免疫力、预防肿瘤、提神醒脑、消除疲劳、预防心血管疾病。

☆牛奶

性味归经：性平、微寒，味甘，归心、肺、胃经。

功效：补充钙质，补虚损、益肺胃、生津润肠，防止皮肤干燥及暗沉，白皙、光泽皮肤。